Alice au pays des quanta

Robert Gilmore

Traduit par Alain Bouquet

Alice au pays des quanta

POCHE
Éditions
Le Pommier

Pour la version en langue française :
La première édition de ce livre en langue française
est parue aux Éditions Le Pommier en 2000
dans la collection « Romans & plus ».

ISBN 2-7465-0287-9
239, rue Saint-Jacques, 75005 Paris
www.editions-lepommier.fr

Sommaire

Notre conception de l'univers s'est trouvée entièrement bouleversée dans la première moitié du XXe siècle, lorsque les théories de la physique classique ont été remplacées par une nouvelle vision du monde, celle de la mécanique quantique. À bien des égards, celle-ci s'écarte des principes de l'ancienne mécanique, celle de Newton, et semble fréquemment en contradiction avec le simple bon sens.

L'aspect le plus étrange de cette théorie vient pourtant de son extraordinaire aptitude à prédire le comportement des systèmes physiques tels qu'on les observe. Ainsi, même si la mécanique quantique peut parfois nous paraître insensée, il semble bien qu'elle corresponde à la manière dont la nature a réglé son cours, ce dont il faut donc nous accommoder.

Cet ouvrage se lira donc comme une allégorie de la physique quantique. Une allégorie, selon le dictionnaire, est « un récit décrivant un sujet sous le déguisement d'un autre ». Si la manière dont se comportent les objets en mécanique quantique nous surprend parfois, elle peut toutefois être rendue plus plausible par analogie avec des situations familières.

Néanmoins, une analogie n'est jamais parfaite et ne prétend pas reproduire exactement la réalité ; les processus quantiques sont, en effet, tout à fait différents de tout ce qu'il nous arrive de rencontrer dans la vie quotidienne.

Une allégorie est une analogie ou, plutôt, une série d'analogies : de ce point de vue, ce livre s'inspire davantage des *Voyages de Gulliver* que d'*Alice au pays des merveilles.* Néanmoins, le monde d'Alice nous a semblé le modèle le mieux adapté. Le pays des quanta où voyage Alice s'apparente à un parc d'attractions dans lequel notre héroïne est tantôt observatrice, tantôt participante active. Il montre les principales caractéristiques du monde quantique, c'est-à-dire, en l'occurrence, le monde où nous vivons tous.

Cette histoire est, pour l'essentiel, une pure fiction, et les personnages en sont imaginaires. Les notes qui figurent en bas de certaines pages et en fin de chapitre sont néanmoins exactes. Tout au long du récit, vous lirez beaucoup d'affirmations qui paraissent de prime abord incohérentes et contraires au simple bon sens. Cependant, la plupart sont justes. D'ailleurs, Niels Bohr, le père fondateur de la mécanique quantique, affirmait que quiconque ne se sentirait pas perdu en réfléchissant à la théorie quantique, ne l'aurait, en réalité, pas vraiment comprise.

Un peu plus sérieusement…

La description du monde que nous propose la mécanique quantique est sans nul doute excitante et surprenante, mais devons-nous réellement la prendre au sérieux et y croire ? À notre grande surprise, nous avons découvert que la réponse était positive : pour appuyer cette affirmation, vous trouverez tout au long de ce livre des notes précisant l'impact de la mécanique quantique dans le monde réel . Vous pouvez voir ci-contre comment se présentent ces notes. Par ailleurs, quelques notes plus longues figurent à la fin de certains chapitres. Elles détaillent les points les plus délicats du texte et font l'objet d'un appel de note (☞) dans le texte au moment voulu.

La manière dont la théorie quantique décrit le monde semble souvent délirante à première vue, et peut-être aussi par la suite. Il n'existe pourtant aucune alternative. L'ancienne mécanique classique de Newton et de ses successeurs s'avère incapable d'expliquer la structure et le comportement des atomes et des autres systèmes de très petite taille, tandis que la mécanique quantique s'accorde extrêmement bien aux observations, en dépit de calculs souvent difficiles et pénibles.

On ne soulignera donc jamais assez le remarquable succès pratique de la mécanique quantique. Bien que le résultat d'une mesure isolée puisse être aléatoire et imprévisible, les prédictions de la théorie quantique correspondent aux résultats moyens obtenus au terme d'une série de mesures. D'autre part, toutes les observations à grande échelle mettent en jeu une importante quantité d'atomes et, par là même, un nombre élevé d'observations à l'échelle atomique. Là encore, la mécanique quantique réussit à donner systématiquement les mêmes résultats que la mécanique classique pour les objets de grande taille, alors que la réciproque n'est pas vraie.

La théorie quantique a été développée pour expliquer les observations effectuées sur les atomes. Depuis sa conception, elle a été appliquée avec succès aux noyaux atomiques, puis aux particules issues du noyau

Les notes expliquent le caractère essentiel, dans notre monde, des questions dont traite la mécanique quantique, à mesure qu'Alice les découvre dans chaque chapitre. Vous pouvez les ignorer quand vous lisez l'histoire d'Alice, mais elles vous permettent de comprendre la signification réelle de ses aventures.

– interagissant fortement –, et, enfin, au comportement des quarks dont sont composées ces particules. Ces applications de la théorie s'étendent sur onze ordres de grandeur (un facteur de 100 milliards), c'est-à-dire que les systèmes considérés ont vu leur taille diminuer et leur énergie augmenter de ce facteur. Cela représente une extrapolation extrêmement hardie de la théorie depuis sa conception originelle, mais, jusqu'à présent, la mécanique quantique s'est révélée capable de décrire parfaitement ces situations extrêmes.

Dans tout le domaine qui a été exploré, la mécanique quantique semble permettre une application universelle. À très grande échelle, les prédictions de la théorie quantique perdent leur aspect aléatoire et confirment celles de la mécanique classique, qui fonctionnent très bien pour les grands objets. À petite échelle, elles se vérifient toujours par l'expérience, y compris lorsqu'elles paraissent conduire à une image insensée du monde. Nous verrons dans le chapitre quatrième que, bizarrement, la mécanique quantique cadre avec toutes les observations effectuées, tout en laissant penser qu'en réalité aucune observation ne peut être effectuée. Il semble ainsi que le monde soit plus étrange que nous l'imaginions, peut-être plus étrange même que nous sommes en mesure de l'imaginer.

Pour le moment, néanmoins, accompagnons Alice, qui commence son voyage au pays des quanta.

Chapitre premier

Au pays des quanta

Alice s'ennuyait. Tous ses amis étaient en vacances ou en famille. Par ailleurs, il pleuvait, de sorte qu'elle se retrouvait toute seule chez elle à regarder la télévision. Cet après-midi-là, elle avait regardé successivement la cinquième partie d'une introduction à l'espéranto, un documentaire sur le jardinage et une émission politique. Alice s'ennuyait vraiment beaucoup.

Ses yeux se posèrent sur le livre abandonné sur le sol à côté d'elle. C'était un exemplaire d'*Alice au pays des merveilles*, qu'elle venait de terminer. « Je me demande pourquoi il n'y a pas plus de dessins animés ou de programmes intéressants à la télévision, s'interrogea-t-elle. J'aimerais tant être cette autre Alice ! Elle s'ennuyait, comme moi, mais elle a trouvé comment aller dans un pays plein de créatures passionnantes et d'événements étranges. Si seulement je pouvais rétrécir et traverser l'écran de télévision, je trouverais peut-être des choses fascinantes… »

Frustrée, elle regardait l'écran qui montrait, à cet instant, le Premier ministre expliquant que, tout bien considéré, la conjoncture était bien meilleure que trois ans plus tôt, même si ce n'était pas toujours évident. Quelle ne fut pas sa surprise de voir l'image du Premier ministre se briser lentement et se transformer en un brouillard de petites étincelles dansantes qui semblaient se précipiter vers l'intérieur de l'écran. « Eh bien, se dit Alice, j'ai vraiment l'impression qu'elles m'invitent à les suivre à l'intérieur ! » Elle sauta sur ses pieds et bondit vers la télévision, mais elle trébucha sur le livre qu'elle avait malencontreusement laissé traîner sur le sol, et tomba la tête la première.

Pendant sa chute, elle vit, à sa grande surprise, l'écran grossir énormément et elle se retrouva entraînée à l'intérieur de l'image, parmi les étincelles tournoyantes. « Je n'y vois plus rien avec toutes ces lumières qui tournent autour de moi, pensa Alice. C'est comme si j'étais perdue dans une tempête de neige, je ne distingue même pas mes pieds. J'aimerais bien voir où je vais. Qui sait où je vais me retrouver ? »

À cet instant, Alice sentit ses pieds heurter quelque chose de solide et elle se retrouva debout sur une surface dure et plate. Autour d'elle, les lumières tourbillonnantes s'effaçaient et elle vit qu'elle était entourée de formes floues.

Elle regarda attentivement la forme plus proche, une petite silhouette qui lui arrivait tout juste à la taille. C'était très difficile de dire à quoi elle ressemblait, car elle sautillait sans cesse d'avant en arrière et

se déplaçait si rapidement qu'on ne pouvait la voir distinctement. La silhouette semblait porter une sorte de canne, ou de parapluie replié, qu'elle pointait vers le ciel. « Hello, se présenta poliment Alice. Je suis Alice. Puis-je vous demander qui vous êtes ?

— Je suis un électron, répondit la silhouette. Je suis un électron avec un spin pointé vers le haut. Vous pouvez facilement me différencier de mon ami, là-bas, qui est aussi un électron mais avec un spin vers le bas, et par conséquent, quelqu'un de tout à fait différent. » En reprenant son souffle, il ajouta quelque chose comme « Vive la différence ! » Pour autant qu'Alice pouvait le constater, l'autre électron ressemblait beaucoup au premier, à cela près que son parapluie – ou sa canne – pointait vers le sol. Mais il était très difficile de s'assurer de la ressemblance, car cette silhouette sautillait d'avant en arrière aussi rapidement que la première.

« S'il vous plaît, demanda Alice à son premier interlocuteur, auriez-vous la bonté de vous tenir tranquille un moment parce que, vraiment, je n'arrive pas à vous voir clairement.

— Je ne demande pas mieux, dit l'électron, mais je crains de ne pas avoir assez de place. Je vais quand même essayer. » À ces mots, il ralentit son sautillement. Mais, alors qu'il se déplaçait plus lentement, il commença à se dilater et devint de plus en plus vaporeux. Il ne courait plus aussi vite, mais il avait l'air si flou qu'Alice ne pouvait pas davantage distinguer ses traits. « C'est le mieux que je puisse faire, dit-il, tout essoufflé. Je suis désolé, mais plus je me déplace lentement et plus je m'étale. Ainsi va la vie, ici au pays des quanta. Moins vous occupez d'espace, et plus vous devez vous déplacer rapidement. C'est une des règles, et elle est incontournable. »

« Il n'y a pas assez de place ici pour ralentir, reprit le compagnon d'Alice, en se remettant à sautiller rapidement autour d'elle. Le quai est si bondé qu'il faut que je devienne plus compact. » Effectivement,

Les particules au niveau atomique diffèrent des objets à grande échelle. Les électrons sont très petits et ne se distinguent pas les uns des autres : ils sont absolument identiques. S'ils sont dotés d'une rotation, on ne peut pas dire précisément ce qui est en rotation.

Les électrons ont la particularité de tous tourner exactement à la même vitesse, quelle que soit la direction par rapport à laquelle on mesure la rotation. Mais certains tournent dans une direction et les autres dans la direction opposée. Selon leur direction de rotation, on dit que les électrons ont un spin orienté vers le haut ou vers le bas.

l'espace dans lequel se tenait Alice était maintenant surpeuplé, empli de petites silhouettes serrées les unes contre les autres, dansant fiévreusement en tous sens.

« Quels êtres étranges, pensa Alice. Je crois que je ne pourrai jamais voir à quoi ils ressemblent vraiment s'ils ne s'arrêtent pas une minute, et on dirait que cela ne risque pas d'arriver de sitôt. » Puisque, apparemment, elle ne pouvait pas les ralentir, elle aborda un autre sujet.

« Pourriez-vous me dire, s'il vous plaît, sur quelle sorte de quai nous sommes ? demanda-t-elle.

— Eh bien, un quai de chemin de fer évidemment ! » répliqua un électron avec bonne humeur. Il était très difficile à Alice de déterminer qui venait de parler, tant ces êtres se ressemblaient tous. « Nous allons prendre le train des ondes en direction de l'écran que vous voyez là-bas. Je suppose que c'est là que vous changerez pour le Photon-Express, si vous souhaitez aller plus loin.

— Vous voulez parler de l'écran de télévision ? demanda Alice.

— Mais bien entendu ! » s'exclama un électron. Alice aurait pu jurer que ce n'était pas le même que celui qui avait parlé juste avant, mais comment en être certaine ? « Venez ! Voici le train, et nous devons monter à bord », ajouta-t-il.

Selon le principe d'incertitude de Heisenberg, on ne peut observer la position et la vitesse d'une particule simultanément. Cela implique qu'une particule ne peut pas être immobile en un endroit précis, puisqu'une particule immobile a la vitesse précise de zéro.

En effet, Alice vit des petits compartiments s'arrêter le long du quai. Ils étaient tous minuscules. Certains étaient vides, d'autres occupés par un électron, parfois par deux. Les compartiments vides se remplissaient tous rapidement, et il semblait n'en rester plus un seul de libre ; toutefois, Alice remarqua qu'aucun compartiment ne contenait plus de deux électrons. Quand elle et son compagnon passaient devant ces compartiments, les deux occupants s'exclamaient : « Complet ! Complet ! »

« Vous ne pourriez-pas vous serrer un peu plus dans les compartiments quand le train est aussi bondé ? demanda Alice à son compagnon.

— Oh non ! Jamais plus de deux électrons ensemble, telle est la règle.

— Alors je suppose que nous devrons aller dans des compartiments différents », déclara Alice avec regret.

L'électron la rassura : « Il n'y a aucun problème pour vous, pas le moindre problème ! Vous, vous pouvez aller dans n'importe quel compartiment.

— Mais comment est-ce possible ? s'écria Alice. Si un compartiment est trop plein pour vous, il doit aussi être trop plein pour moi.

— Absolument pas ! Les compartiments ne peuvent contenir que deux électrons, et par conséquent, pour des électrons, presque toutes les places sont occupées, mais vous, vous n'êtes pas un électron ! Il n'y a pas d'autre Alice dans le train, et il reste donc toute la place voulue pour une Alice dans n'importe lequel des compartiments. »

Cela ne parut pas très logique à Alice, mais elle avait peur que le train ne partît avant qu'ils aient trouvé des places, aussi se mit-elle à chercher une place libre pour un électron. « Que pensez-vous de celle-ci ? demanda-t-elle à son compagnon. Voici un compartiment avec un seul électron. Voulez-vous y aller ?

— Certainement pas ! rétorqua-t-il, horrifié. C'est un électron avec un spin vers le haut, comme moi. Je ne peux pas partager mon compartiment avec un autre électron qui a son spin vers le haut. Quelle idée ! C'est tout à fait contre mes principes.

— Que voulez-vous dire par là ? demanda Alice.

— C'est pourtant clair : je dis que c'est contre mes principes, ou plutôt contre le principe de Pauli, qui interdit que deux électrons se comportent exactement de la même manière, donc se trouvent au même endroit quand ils ont le même spin », répondit-il avec mauvaise humeur.

Alice ne comprit pas très bien ce qui avait pu le contrarier, mais elle se mit à chercher un compartiment qui lui plairait davantage. Elle finit par trouver un compartiment occupé par un électron unique, avec un spin vers le bas, et le compagnon d'Alice y sauta prestement. Alice fut surprise de constater que, dans le minuscule espace, pourtant bien rempli maintenant, il lui restait encore assez de place pour s'installer confortablement.

À peine étaient-ils installés que le train s'ébranla. Le voyage fut sans histoire, à travers un paysage sans intérêt, aussi Alice se réjouit-elle lorsqu'elle sentit le train ralentir. « Nous devons arriver à l'écran, supposa-t-elle. Je me demande ce qui va se passer maintenant. »

Les électrons sont absolument identiques et ils obéissent au principe d'exclusion de Pauli (voir chapitre cinquième), qui interdit qu'il y ait plus d'un électron dans chaque état (ou deux, en tenant compte des deux orientations possibles du spin).

Tandis qu'ils arrivaient à quai sur l'écran, un énorme brouhaha s'éleva tout autour d'eux. « Que se passe-t-il donc ici ? s'étonna Alice à haute voix. Pourquoi tout le monde a-t-il l'air tellement excité ? » Ses questions trouvèrent bientôt une réponse : une annonce se fit entendre, qui semblait provenir des airs.

« Le phosphore de l'écran est en ce moment excité par tous les électrons qui viennent d'arriver, et nous allons bientôt assister à une émission de photons. Préparez-vous au départ du Photon-Express. » Alice regardait autour d'elle pour voir si l'express arrivait, quand soudain, un tourbillon de formes brillantes envahit le quai. Alice fut emportée par cette foule déferlante, qui s'entassa dans un compartiment. « Eh bien, ils n'ont pas l'air de se préoccuper d'un principe quelconque, celui de Pauli ou d'un autre », songea Alice tandis qu'ils se serraient autour d'elle. « Ils n'ont vraiment pas l'air de se soucier de se trouver tous au même endroit. Je crois que l'express va bientôt partir, et je me demande… »

« …où nous allons arriver, acheva-t-elle en descendant du marchepied. Mon Dieu, le voyage a vraiment été rapide. J'ai eu l'impression qu'il n'avait même pas duré un instant. »

Sur ce point, Alice avait entièrement raison : le temps se fige effectivement pour tout ce qui voyage à la vitesse de la lumière. À nouveau, elle se retrouva parmi la foule des électrons qui s'éloignaient rapidement du quai.

« Venez vite ! s'écria l'un d'eux en passant précipitamment devant elle. Nous devons quitter la gare pour notre destination.

— Excusez-moi, demanda Alice, hésitante, vous êtes bien l'électron auquel je parlais tout à l'heure ?

— Oui, c'est bien moi », répondit l'électron, et il s'engouffra dans un passage qui s'ouvrait sur le côté.

Quant à Alice, elle se retrouva entraînée vers la sortie principale par la cohue des électrons.

« Je le dis tout net, c'est vraiment trop contrariant, s'exclama Alice. Je viens de perdre la seule personne que je connaissais dans cet endroit bizarre, et il n'y a plus personne pour m'expliquer ce qui se passe.

— Ne vous inquiétez pas, Alice, dit une voix, à la hauteur de son genou. Je vais vous montrer où aller. » Il s'agissait de l'un des électrons.

« Comment connaissez-vous mon nom ? demanda-t-elle, surprise.

— C'est bien simple, je suis l'électron auquel vous parliez tout à l'heure.

— C'est impossible ! s'exclama Alice. Je l'ai vu partir dans une autre direction. Ou bien était-ce un autre ?

— Non, c'était bien lui.

— Alors ce ne peut être vous, répliqua Alice avec bon sens. Vous ne pouvez pas être tous les deux le même électron.

— Oh si, bien sûr ! rétorqua l'électron. Il est le même, je suis le même, nous sommes tous le même, vous savez, exactement le même !

— C'est ridicule, objecta Alice. Vous êtes ici à côté de moi alors qu'il s'est précipité ailleurs. Vous ne pouvez pas être tous les deux le même individu, l'un de vous deux doit être un autre.

— Pas du tout, pas du tout ! s'exclama l'électron en sautant sur place de plus en plus vite, tout excité. Nous sommes tous identiques, il n'y a aucun moyen de nous distinguer, alors, voyez-vous, il est forcément le même que moi. »

À cet instant, la foule des électrons qui entourait Alice se mit à hurler à l'unisson : « Je suis le même ! », « Moi aussi, je suis le même ! », « Je suis le même que lui ! », « Et moi aussi, je suis le même que toi ! » Le tumulte devint assourdissant, aussi Alice ferma-t-elle les yeux et se boucha-t-elle les oreilles jusqu'à ce que le vacarme diminue.

Quand le calme fut revenu, Alice ouvrit les yeux et retira les mains de ses oreilles. Il n'y avait plus aucune trace de la foule des électrons, et elle se retrouvait seule à la sortie de la gare. Regardant autour d'elle, elle déboucha sur une rue qui, à première vue, lui parut normale. Elle tourna à gauche et se mit à marcher sur le trottoir.

Un peu plus loin, elle se trouva face à une silhouette qui fouillait dans ses poches, à l'entrée d'un immeuble, l'air abattu. Ses traits étaient difficiles à discerner, comme ceux de tous les gens qu'elle avait rencontrés ces derniers temps, mais Alice lui trouva une vague allure de lapin. « Oh mon Dieu ! Oh mon Dieu ! Je suis en retard, terriblement en retard, et je n'arrive plus à trouver mes clés. Je dois absolument entrer maintenant ! » À ces mots, il recula de quelques pas, puis se précipita comme une flèche vers la porte.

Il courait si vite qu'Alice était incapable de le voir distinctement et elle ne perçut qu'une suite d'images qui le montraient à différentes positions le long de son trajet. Celles-ci s'échelonnaient de son point de départ jusqu'à la porte, mais au lieu de disparaître là, comme Alice s'y attendait, elles le montraient traversant la porte et devenant de plus en plus petit au fur et à mesure qu'il s'éloignait, jusqu'à ce qu'il ait disparu. Alice eut à peine le temps d'enregistrer cette étrange suite d'images qu'elle le vit rebondir, laissant à nouveau derrière lui une séquence d'images. Celle-ci se terminait sur l'image de l'infortuné personnage affalé sur le dos dans le caniveau. Nullement découragé, il se releva et fonça de nouveau vers la porte. Il y eut une nouvelle suite d'images, diminuant au passage de la porte, et, une fois encore, il rebondit et se retrouva dans le caniveau.

Tandis qu'Alice se précipitait vers lui, il répéta plusieurs fois la même tentative, se jetant sur la porte et se retrouvant par terre sur le dos. « Arrêtez, arrêtez, s'écria-t-elle, vous allez finir par vous faire mal. »

La personne s'arrêta de courir pour regarder Alice. « Bonjour, mademoiselle. Voyez-vous, je dois le faire. La porte est fermée à clé, et mes clés sont à l'intérieur ; or je dois entrer au plus vite, aussi n'ai-je pas d'autre choix que de tenter de passer à travers cet obstacle par effet tunnel. »

Alice regarda la porte, une grande porte très solide. « Je ne crois pas que vous ayez la moindre chance de passer à travers cette porte en vous jetant dessus comme cela, dit-elle. Essayez-vous de la défoncer ?

— Oh non, bien sûr que non ! Je ne veux pas disloquer ma superbe porte. Je veux seulement la traverser. J'ai bien peur que vous ayez raison, cependant. La probabilité que je puisse la franchir est sans doute très faible, mais je n'ai pas d'autre solution que d'essayer encore. » À ces mots, il se jeta à nouveau sur la porte. Alice renonça à le convaincre et s'éloigna, tandis qu'une fois encore, il revenait en titubant.

Alice continua son chemin, mais elle ne résista pas à la tentation de se retourner pour voir s'il avait fini par abandonner. Elle vit encore une fois la suite d'images se précipiter vers la porte et diminuer après sa traversée. Elle attendit qu'il rebondisse. Les fois précédentes, cela s'était passé immédiatement après, mais, cette fois-ci, elle ne vit rien réapparaître. La porte était toujours là, solide et intacte, et il n'y avait aucun signe de l'étrange personnage. Au bout de quelques secondes, elle entendit un cliquetis de chaînes et de verrous derrière la porte, qui s'ouvrit d'un coup. Son compagnon disparu se pencha au-dehors et lui fit un signe de la main. « Quelle aubaine ! s'écria-t-il. La probabilité de traverser une barrière aussi épaisse par effet tunnel est vraiment très faible, et j'ai eu une chance insensée d'y parvenir aussi vite. » Il referma la porte d'un grand coup sec. Comme cela semblait marquer la fin de leur rencontre, Alice continua son chemin dans la rue.

La théorie quantique décrit le comportement des particules en termes de distributions de probabilités, et l'observation effective des particules individuelles se fait aléatoirement dans le cadre de ces probabilités. Ces probabilités peuvent inclure des processus interdits en mécanique classique, par exemple la pénétration de particules à travers une mince barrière d'énergie.

Un peu plus loin, elle arriva à un espace libre sur le bord de la chaussée, où se tenait un groupe de maçons, rassemblé autour d'un tas de briques. Tout du moins, Alice supposa qu'il s'agissait de maçons, car ils déchargeaient des briques d'un chariot. « Ah ! Par bonheur, ceux-ci semblent se comporter de façon sensée », pensa-t-elle. À cet instant, un autre groupe arriva, portant ce qui ressemblait à un très grand tapis enroulé sur lui-même, et ils commencèrent à l'étaler sur le sol. Une fois le « tapis » déroulé, Alice vit qu'il s'agissait d'une sorte de plan pour la construction d'un immeuble. Ce plan était de très grande taille et recouvrait presque tout l'espace disponible. « J'ai l'impression que le plan a la même dimension que l'immeuble qu'ils s'apprêtent à construire, se dit Alice. Mais comment vont-ils pouvoir construire quelque chose si le plan prend toute la place ? »

Les maçons avaient fini de disposer le plan et s'étaient regroupés autour du tas de briques. Ils prirent tous des briques et se mirent à les lancer sur le plan, apparemment au hasard. La confusion était totale, certaines briques tombaient par ici, d'autres par là, et Alice ne voyait pas à quoi tout cela rimait. « Mais qu'est-ce que vous faites ? » demanda-t-elle à une personne qui se tenait sur le bord. Il paraissait ne rien faire, aussi supposa-t-elle qu'il s'agissait du contremaître. « Vous faites juste des tas de briques n'importe comment, n'êtes-vous pas ici pour bâtir une maison ?

— Mais bien entendu, et c'est exactement ce que nous faisons, ma chère enfant, répondit le contremaître. Il est vrai que les fluctuations sont pour le moment assez importantes pour masquer le plan, mais puisque nous avons déposé la distribution de probabilité pour le résultat que nous souhaitons, nous allons y arriver, n'ayez crainte. »

Alice ne trouva pas cette réponse très convaincante, mais elle se tint tranquille et observa la pluie de briques qui s'abattait. Peu à peu, à sa grande surprise, elle remarqua que les briques tombaient plus souvent à certains endroits qu'à d'autres, et elle commença à distinguer l'emplacement des murs et des portes. Elle observait, fascinée, la forme des pièces se dessiner peu à peu au milieu du chaos initial. « C'est fantastique ! s'exclama-t-elle. Comment êtes-vous parvenu à cela ?

— Eh bien, n'est-ce pas ce que je vous avais annoncé ? dit le contremaître en souriant. Vous nous avez bien vus déployer la distribution de probabilité avant de commencer. Elle indique où doivent se trouver les briques et où il ne doit pas y en avoir. Il faut bien commencer par là, avant de placer les briques, sinon nous ne pourrions pas savoir où elles vont tomber, voyez-vous, continua-t-il.

— Je ne vois vraiment pas pourquoi, le coupa Alice. J'ai bien souvent vu poser des briques les unes après les autres en rangées bien nettes.

— Ah bon ? Voyez-vous, ce n'est pas la méthode quantique. Ici, nous ne pouvons pas contrôler où ira

chacune des briques, mais seulement la probabilité qu'elle aille à tel ou tel endroit. Cela signifie que si vous n'avez que quelques briques, elles peuvent aller presque n'importe où, sans qu'aucun plan d'ensemble n'apparaisse. En revanche, quand le nombre de briques est élevé, on constate qu'il n'y a de briques que là où il y a une certaine probabilité qu'il y en ait, et plus la probabilité est élevée et plus grand est le nombre de briques. Quand vous avez un très grand nombre de briques, cela marche très bien à la fin, comme il se doit. »

Alice trouva cela très bizarre, mais le contremaître semblait très sûr de lui, comme si tout cela avait un sens. Elle cessa de poser des questions, puisque les réponses ne faisaient qu'augmenter sa perplexité. Elle remercia le contremaître pour ses informations et passa son chemin.

Peu après, elle atteignit une fenêtre sur laquelle un grand panneau annonçait :

ÊTES-VOUS MÉCONTENT DE VOTRE ÉTAT ?
AIMERIEZ-VOUS ATTEINDRE UN NIVEAU PLUS ÉLEVÉ ?
Nous pouvons vous aider à effectuer
cette transition pour 10 eV à peine.
(Offre sujette aux limitations
normales de l'exclusion de Pauli.)

« Cela me semble très alléchant, mais je n'ai aucune idée de ce dont il s'agit, et si je demandais à quelqu'un, je suis certaine que la réponse me laisserait encore plus perplexe que je le suis maintenant, s'exclama Alice avec désespoir. Je n'ai rien compris à tout ce que j'ai vu jusqu'ici. J'aimerais bien rencontrer quelqu'un qui puisse m'expliquer une bonne fois ce qui se passe ici. »

Elle parlait à voix haute sans s'en rendre compte, et un passant lui conseilla : « Si vous voulez comprendre le pays des quanta, il faut qu'on vous explique la mécanique quantique, et, pour cela, vous devriez aller à l'institut de Mécanique.

— Seront-ils vraiment capables de m'expliquer ce qui se passe ici ? s'écria-t-elle, pleine d'espoir. Pourront-ils m'éclairer sur tout ce que j'ai vu, comme le panneau dans cette vitrine, et me dire aussi ce que sont les eV dont il est ici question ?

— Je crois que l'institut de Mécanique pourra vous fournir des explications sur presque tout cela, lui répondit son informateur. Quant à moi, je peux déjà vous dire que les eV sont des unités d'énergie, et vous pourriez commencer par vous renseigner à leur sujet à

la banque Heisenberg, de l'autre côté de la rue, juste en face. »

Alice regarda dans la direction qu'il indiquait et vit un bâtiment imposant, d'allure très officielle, visiblement conçu pour impressionner. Il s'ornait d'un portique monumental avec des colonnes en pierre de taille. Sur le fronton, gravé en gros caractères, on pouvait lire : « Banque Heisenberg ». Alice traversa la rue, grimpa la longue volée de marches en pierre qui conduisait à un portail majestueux, et pénétra à l'intérieur.

Chapitre deuxième

La banque Heisenberg

Alice se retrouva dans un hall de marbre aux magnifiques colonnes. Cette banque ne différait guère des autres banques qu'elle avait vues, mais elle avait encore plus l'air d'une banque, si c'était possible. Des guichets s'alignaient sur tout le mur du fond, et toute la surface du sol était délimitée par des barrières de corde pour diriger les clients vers les guichets en files d'attente régulières. Pour le moment, le lieu semblait désert. Il n'y avait pas de clients et, en dehors des caissiers derrière leurs comptoirs et d'un garde en faction à la porte, Alice ne vit personne.

Comme on lui avait conseillé de se renseigner à la banque, elle se dirigea vers les guichets. « Hep ! vous là-bas ! Attendez un instant ! s'écria le garde. Où vous croyez-vous, jeune demoiselle ? Vous ne voyez pas qu'il y a la queue ?

— Excusez-moi, répondit Alice, mais je ne vois pas de queue. Il n'y a personne, ici.

— Bien sûr que si, il y a même beaucoup de monde ! répondit le garde avec emphase. Apparemment, nous avons une véritable affluence de non-personnes, aujourd'hui. En général, nous les appelons plutôt personnes virtuelles. J'ai rarement vu autant de particules virtuelles attendre de recevoir leur prêt d'énergie. »

Alice eut à nouveau cette impression – qui lui était désormais familière – que les choses n'allaient pas s'éclairer de sitôt. Elle regarda vers les guichets et elle constata que le hall semblait toujours aussi désert, mais que les caissiers étaient tous très occupés. En observant mieux, elle vit surgir des silhouettes brillantes : celles-ci apparaissaient soudain devant une caisse puis s'éloignaient vivement et quittaient la banque. Un couple de silhouettes se matérialisa devant la grille d'un guichet, et Alice reconnut dans l'une des figures un électron. Son compagnon lui ressemblait beaucoup, si ce n'est qu'il évoquait un négatif photographique du premier, l'inverse sous tous ses aspects des électrons qu'elle avait rencontrés jusqu'alors.

« C'est un positron, un antiélectron », murmura une voix à son oreille. Alice se retourna et vit une jeune femme élégante à l'air autoritaire.

« Bonjour madame, qui êtes-vous ? demanda-t-elle.

— Je suis la directrice de la banque, répondit la jeune femme. Je suis chargée de la distribution des prêts d'énergie à toutes les particules virtuelles qui sont ici. La plupart sont des photons, comme vous le voyez, mais, de temps à autre, nous avons des couples de particules et d'antiparticules qui viennent ensemble solliciter un prêt, comme la paire électron-positron que vous venez de voir.

— Pourquoi ont-ils besoin d'un prêt d'énergie et pourquoi ne puis-je les voir avant qu'ils l'aient obtenu ? demanda Alice.

— Eh bien, voyez-vous, pour qu'une particule existe réellement, qu'elle soit une particule libre, qu'elle puisse se déplacer sans difficulté, qu'on puisse l'observer normalement, et tout le reste, elle doit posséder au moins une quantité minimale d'énergie, que nous appelons son énergie de repos ou sa masse. » La directrice poursuivit : « Ces malheureuses particules virtuelles ne disposent pas de cette énergie minimale, et la plupart n'ont même pas d'énergie du tout et n'existent donc pas vraiment. Heureusement, elles peuvent obtenir un prêt d'énergie ici, à la banque, qui leur permet d'exister un bref instant. » Elle montra l'affiche sur le mur qui indiquait :

CONDITIONS DU PRÊT : $\Delta E \times \Delta t = \hbar/2$
Un remboursement rapide serait apprécié.

« On appelle cela la relation de Heisenberg, et cette relation régit toutes nos transactions. La quantité $\hbar$ s'appelle la constante de Planck, ou plus exactement sa valeur réduite. Cette relation fixe le taux de change de nos prêts d'énergie : la quantité ΔE mesure l'énergie empruntée et Δt est la durée du prêt, voyez-vous.

— Vous voulez dire, coupa Alice qui essayait de suivre ce que disait la directrice, que c'est comme un taux de change entre des monnaies différentes et que plus l'emprunt est élevé et plus la durée est longue ?

— Oh non, c'est exactement le contraire ! C'est le produit de l'ampleur du prêt par sa durée qui est constant, aussi plus le prêt accordé est élevé et plus la durée en est courte. Si vous voulez mieux comprendre ce que je veux dire, regardez cette paire de particule et d'antiparticule exotiques qui viennent d'obtenir un prêt au guichet numéro 7. » Alice regarda dans la direction indiquée et vit un étonnant spectacle. Devant le guichet se trouvaient deux silhouettes, dont l'une était le négatif de l'autre comme le positron et l'électron qu'elle avait vus avant. Mais ces deux-ci formaient un couple flamboyant qui prenait tant de place qu'il masquait le caissier derrière eux. Alice ne pouvait qu'être impressionnée par leur extravagance mais, alors qu'elle ouvrait la bouche pour faire un commentaire à ce propos, ils devinrent flous avant de disparaître complètement.

« Cela illustre bien ce que je disais, reprit calmement la directrice. Ce couple a emprunté une énergie énorme pour équilibrer la masse titanesque que leur mode de vie requiert. Le prêt était tellement élevé que la durée du prêt a été extrêmement courte, si courte qu'ils n'ont même pas eu le temps de quitter le comptoir avant de devoir rembourser le prêt. C'est parce que de telles particules n'ont pas le temps d'aller très loin avant de rembourser leur prêt qu'on les appelle dans nos milieux des particules à courte portée.

La plupart des particules ont une masse, et cette masse correspond à une grande quantité d'énergie. Des particules virtuelles, initialement sans énergie, peuvent néanmoins exister pendant une brève période de temps en « empruntant » l'énergie dont elles ont besoin pour leur masse sous la forme d'une fluctuation quantique.

— Cette relation entre la durée et l'énergie est-elle la même pour tout le monde et en tout lieu ? demanda Alice, qui espérait avoir enfin découvert quelque chose de sûr.

— Oui, tout à fait ! La constante de Planck est la même en tout lieu et en toute occasion. C'est ce qu'on appelle une constante universelle, ce qui signifie simplement qu'elle est la même partout.

— Nous nous occupons d'énergie, ici à la banque, continua la directrice, parce que l'énergie est notre monnaie de compte, au pays des quanta. Tout comme vous exprimez votre monnaie en euros ou en dollars, nous, nous utilisons le plus souvent l'eV comme unité d'énergie. La quantité d'énergie dont dispose une particule détermine ce qu'elle sera capable de faire, la vitesse à laquelle elle peut se déplacer, dans quel état elle peut se trouver, comment elle peut affecter d'autres systèmes ; tout cela dépend de l'énergie disponible. » Elle poursuivit : « Toutes les particules ne sont pas des indigents complets comme ceux qui font ici la queue. Beaucoup possèdent suffisamment d'énergie par elles-mêmes et, en ce cas, elles peuvent la conserver aussi longtemps qu'il leur plaît. Ce sont elles que vous voyez se déplacer à l'extérieur. Toute particule qui a besoin d'une masse a besoin d'énergie pour exister, tout simplement. » Elle indiqua une autre affiche encadrée dans le hall :

MASSE = ÉNERGIE, ÉNERGIE = MASSE

« Si une particule a besoin d'une masse, alors elle doit se débrouiller pour obtenir l'énergie indispensable. S'il lui reste un surplus d'énergie, elle peut alors l'utiliser à faire autre chose. » Elle ajouta : « Toutes les particules ne s'encombrent pas d'une masse, toutefois. Il existe des particules un peu bohèmes, décontractées, qui ne possèdent pas de masse du tout. Elles n'ont pas les contraintes de la majorité des autres particules qui doivent se procurer leur masse, aussi peuvent-elles se contenter de quantités d'énergie minimes. Les photons en sont un bon exemple. Un photon n'a pas de masse, aussi un photon au repos ne pèserait-il rien.

« Cela dit, vous ne trouvez en principe jamais de photon au repos, ils foncent toujours à la vitesse de la lumière, puisque, voyez-vous, les photons *sont* précisément ce dont se compose la lumière. La lumière n'est pas un courant continu, elle est faite d'une très grande quantité de *quanta*, des petits paquets d'énergie, aussi la lumière est-elle granulaire. Ces quanta, ou particules de lumière, sont appelés photons. Pratiquement, tout se présente en quanta de tailles diverses. C'est ce qui donne son nom à la physique quantique, vous savez. Regardez tous ces photons qui quittent maintenant la banque. Tous les photons sont fondamentalement identiques, exactement pareils les uns aux autres comme tous les électrons sont pareils. Mais vous remarquez peut-être que plusieurs de ces photons semblent différents. C'est tout simplement parce qu'ils n'ont pas la même énergie. Certains ne disposent que de peu d'énergie, comme ces photons radio qui sortent maintenant. » Alice regarda la foule des photons qui filaient devant elle en contournant ses pieds. À leur passage, elle entendit des fragments de musique, des voix déclamant quelque chose au sujet d'un « déjeuner mardi ».

« Je ne savais pas que les ondes radio étaient composées de photons, reconnut Alice.

— C'est pourtant le cas. Ce sont des photons de grande longueur d'onde, bien sûr, de très basse fréquence et de peu d'énergie. Ils sont très enclins à se regrouper, car ils doivent être très nombreux pour produire un effet notable. De charmants petits amis, n'est-ce pas ? ajouta la directrice en souriant. Les photons visibles, par ailleurs, ceux qui constituent la lumière que les gens utilisent pour voir, ont des fréquences bien plus élevées, et plus d'énergie. Un seul d'entre eux peut avoir un effet sensible. Les vrais riches, cependant, les plus dépensiers, sont les photons X et gamma. Chacun d'eux transporte beaucoup d'énergie, et ils rendent leur présence très manifeste pour leur entourage s'ils décident d'interagir avec lui.

— Tout cela est très intéressant, répondit Alice avec sincérité, mais je me demande encore en quoi consiste cette notion même d'énergie. Pourriez-vous me dire ce que c'est, en fin de compte, une *énergie* ?

— Ah, nous y voilà, répondit la directrice avec satisfaction. Votre question est des plus pertinentes, mais il n'est malheureusement pas très facile d'y répondre. Venez dans mon bureau et je vais tenter de vous l'expliquer. » La directrice conduisit Alice d'un pas décidé à travers le grand hall au sol dallé, vers une porte discrète mais plutôt intimidante située dans un angle. Elle ouvrait sur une vaste pièce moderne, et la directrice invita Alice à s'asseoir dans le confortable fauteuil placé devant son bureau, qu'elle contourna pour s'installer dans le sien.

« Eh bien, commença-t-elle, l'énergie ressemble un peu à l'argent de votre monde, qu'il n'est pas facile de définir non plus.

— Je trouve au contraire que c'est assez simple, l'interrompit Alice. L'argent, ce sont des pièces de monnaie, comme mon argent de poche ou bien des billets de banque.

— Cela, c'est de l'argent *liquide*. Bien sûr, c'est une des formes de l'argent, mais ce n'est pas la seule. L'argent, ce ne sont pas seulement des pièces ou des

billets, il peut aussi prendre la forme d'un compte d'épargne, par exemple, ou d'actions et d'obligations, ou même être investi dans un bâtiment. De la même manière, l'énergie peut revêtir bien des formes différentes qui ne se ressemblent guère. La forme la plus évidente de l'énergie est l'*énergie cinétique* », continua la directrice en se carrant plus confortablement dans son fauteuil et en adoptant le ton condescendant de celle qui s'apprête à donner une longue conférence à une audience captive. « Une particule, ou tout autre objet d'ailleurs, possède une énergie cinétique quand il se déplace. Le mot "cinétique" veut juste dire "en mouvement", vous savez. Il y a d'autres formes d'énergie, comme l'*énergie potentielle*, l'énergie gravitationnelle d'une pierre au sommet d'une colline, qui lui permet de dévaler la pente. Il y a aussi l'énergie électrique ou l'énergie chimique, qui n'est rien d'autre que l'énergie potentielle des électrons à l'intérieur des atomes. Et puis, comme je l'ai déjà mentionné, existe l'énergie de masse, dont beaucoup de particules ont besoin simplement pour exister, pour avoir une masse. Chaque forme d'énergie peut être convertie en une autre, tout comme vous pouvez alimenter en liquide votre compte d'épargne. Je peux vous montrer cela plus clairement si vous voulez bien regarder par cette fenêtre ronde. »

Elle appuya sur un bouton et une fenêtre ronde s'ouvrit sur le mur en face d'Alice. Alice distingua alors un toboggan, ou plus exactement des montagnes russes, comme dans les parcs d'attractions. Un wagonnet grimpait justement une longue pente et s'arrêta un instant au sommet avant de plonger dans la descente.

« Vous voyez que, pour le moment, ce wagonnet ne bouge pas, il n'a donc aucune énergie cinétique ; en revanche, il se trouve à une grande hauteur et sa position lui confère une importante énergie potentielle. Maintenant, il commence à dévaler la pente. En perdant de la hauteur, il perd une partie de son énergie potentielle, qui se trouve convertie en énergie cinétique ; c'est pour cela qu'il roule de plus en plus

vite. » Alice entendait les cris d'excitation des passagers dans le lointain, tandis que le wagonnet roulait dans un fracas de tonnerre vers le bas du parcours. « Si le circuit était très lisse et si les roues tournaient sans friction, continua la directrice d'un ton froid, le wagonnet remonterait et s'immobiliserait exactement à la même hauteur que son point de départ. » Elle se pencha en avant et manipula à nouveau quelque chose sur son bureau. Les silhouettes lointaines crièrent de surprise en constatant que la côte suivante était subitement devenue beaucoup plus haute qu'avant. Le wagonnet ralentit et s'immobilisa avant d'atteindre le sommet.

« Comment avez-vous fait cela ? demanda Alice, surprise.

— Ne sous-estimez jamais l'influence d'une banque, marmonna sa compagne. Regardons maintenant ce qui va se passer. »

Le wagonnet commença à redescendre la pente en marche arrière, et l'on distinguait de nouveaux cris d'excitation, un peu moins enthousiastes qu'auparavant. Il prit de la vitesse jusqu'au bas de la courbe puis remonta de l'autre côté en ralentissant, et finit par s'arrêter au point où Alice l'avait vu pour la première fois ; puis il commença à redescendre. « Le wagonnet peut monter et descendre indéfiniment, car son énergie se transforme continuellement : d'énergie potentielle, elle devient énergie cinétique, et inversement, vous avez compris le principe. » La directrice poussa un autre bouton et la fenêtre se referma. « Cela correspond à la manière dont on comprend l'énergie dans le monde classique. L'énergie passe d'une forme à une autre de manière régulière et continue. Vous avez vu le wagonnet accélérer uniformément en descendant la pente, sans à-coups. Il n'y a manifestement aucune contrainte pesant sur la quantité d'énergie que peut posséder un objet. Ici, au pays des quanta, c'est rarement le cas. Dans de nombreuses situations, une particule n'est autorisée à posséder que certaines quantités bien définies d'énergie, et elle ne peut recevoir ou fournir d'énergie que par lots, que nous appelons des quanta. Dans le monde classique, tous les paiements en énergie se font comme sur un plan d'épargne, par des versements limités et fréquents, alors qu'ici ils doivent se faire par gros versements. Comme vous l'avez vu, l'énergie cinétique est une forme spectaculaire d'énergie, quelque chose qu'un objet possède du seul fait de son mouvement. Plus il est massif et plus il possède d'énergie cinétique, mais celle-ci ne dépend pas de la direction de son mouvement, seulement de sa vitesse. De ce point de vue, elle diffère

Dans la théorie quantique, il est aussi important de considérer l'énergie et l'impulsion que de considérer la position et le temps. En réalité, c'est même plus important, car il est plus facile de connaître l'énergie d'un atome que sa position. L'énergie est en quelque sorte l'équivalent de l'argent dans le monde physique.

L'énergie est classiquement définie comme la « capacité à exercer un travail », et les particules ont besoin d'énergie pour faire quelque chose, comme passer d'un état à un autre.

L'impulsion ressemble plutôt à la vitesse, elle correspond à un déplacement dans une direction déterminée, tandis que l'énergie n'est qu'une quantité : quand vous avez indiqué combien d'énergie il y a, il n'y a rien d'autre à ajouter. Des électrons se déplaçant de gauche à droite à la même vitesse que des électrons se déplaçant de droite à gauche ont la même énergie cinétique, mais ils ont des impulsions opposées.

de l'*impulsion*, qui nous indique comment se déplace une particule. L'impulsion mesure l'obstination d'une particule, en quelque sorte. Chaque particule est résolue à continuer à se déplacer exactement comme elle l'a toujours fait, sans aucun changement. Si quelque chose se déplace très vite, il faut une grande force pour le ralentir. Il faut, de même, exercer une grande force pour dévier son mouvement dans une *direction* différente, même si sa vitesse ne change pas. Pourtant, un changement de direction ne conduirait pas une particule à perdre quoi que ce soit de sa précieuse énergie cinétique, puisque celle-ci ne dépend que de sa vitesse de déplacement. Malgré tout, elle ne veut pas changer de direction, car cela modifierait son impulsion. Les

Il y a de nombreuses formes d'énergie. L'énergie cinétique est directement due au mouvement : un boulet de canon en déplacement possède une énergie que ne possède pas le boulet au repos. L'énergie de masse est une autre forme d'énergie, et l'énergie de masse de n'importe quel objet est immense. Dans la mécanique de Newton, il n'était nullement besoin de tenir compte de cette énergie de masse, car elle était considérée comme immuable et ne modifiait donc pas les transferts d'énergie.

Dans les processus quantiques, les masses des particules peuvent souvent changer et les modifications de leur énergie de masse se manifester sous d'autres formes. Par exemple, c'est la libération de moins de 1 % de l'énergie de masse d'une petite fraction de la bombe atomique qui constitue la source d'énergie d'une arme nucléaire. Il s'agit d'un très faible changement d'énergie par particule, si on le compare à de nombreux processus explorés en physique des particules, mais il est dévastateur quand il est accompli par un très grand nombre de particules dans notre monde quotidien.

particules sont très conservatrices en somme. Tout cela revient à préciser ce que nous appelons des paramètres, continua la directrice avec enthousiasme. Si vous voulez décrire une particule, vous devez utiliser les bons *paramètres.* Si vous voulez préciser par exemple où elle se trouve, vous devez indiquer sa position et l'instant où elle occupe cette position. »

Alice souleva une objection : « J'aurais pensé qu'on pourrait se contenter de donner sa position, ce qui suffirait à indiquer où elle se trouve, non ?

— Non, certainement pas ! Vous devez indiquer aussi l'instant. Si vous voulez savoir où se trouve un objet maintenant, ou bien où il sera demain, il ne suffit pas d'indiquer où il était la semaine dernière. Il vous faut connaître sa position à un instant précis, car les objets se déplacent, comme vous le savez. Si vous voulez savoir ce que *fait* une particule, vous devez bien préciser son énergie *et* son impulsion, et de la même façon vous devez indiquer l'instant et la position pour savoir où se trouve une particule. Ici, au pays des quanta, les paramètres sont reliés les uns aux autres. En voulant voir *où* se trouve un objet, vous modifiez son impulsion, c'est-à-dire sa vitesse de déplacement.

Il est pratique de parler des relations d'incertitude de Heisenberg quand on évoque l'étrange mélange d'énergie et de temps – ou de position et d'impulsion – que l'on rencontre dans les systèmes quantiques.
Le danger de ce vocabulaire est de laisser penser que la nature est fondamentalement incertaine, que rien ne peut y être prédit avec certitude, et que n'importe quoi peut arriver. Rien n'est plus faux.

C'est une autre forme de la relation de Heisenberg que je vous ai montrée dans le hall de la banque.

— Ah ! s'écria Alice en se souvenant d'une de ses premières rencontres. Était-ce la raison pour laquelle l'électron que j'ai rencontré tout à l'heure ne pouvait pas se tenir tranquille quand je le regardais et qu'il devenait de plus en plus flou ?

— Oui, sans nul doute. Les relations de Heisenberg affectent toutes les particules de cette manière. Elles ont toujours un air flou et vous ne pouvez jamais les caractériser trop précisément. Je sais ce que je vais faire. Je vais vous présenter le comptable d'incertitude pour qu'il vous explique tout cela ! » s'exclama la directrice. Son travail consiste précisément à équilibrer les comptes et il se préoccupe en permanence des fluctuations quantiques. » Elle pointa avec élégance son doigt vers un autre des nombreux boutons qui tapissaient son bureau. Quelques instants plus tard, une porte s'ouvrit et un étonnant personnage entra. Il paraissait sorti d'une vieille gravure d'Ebenezer Scrooge illustrant le *Chant de Noël* de Dickens, à ceci près qu'à la différence du vieil avare, il avait une expression ahurie et un tic nerveux incontrôlable. Il portait un énorme dossier à la couverture gonflée, qui s'agitait comme si son contenu était en mouvement perpétuel.

« Je crois que j'y suis arrivé ! J'ai équilibré les comptes ! s'écria-t-il en tressautant si violemment qu'il faillit lâcher son dossier. À part les inévitables fluctuations quantiques résiduelles, bien entendu, ajouta-t-il avec moins d'enthousiasme.

— Très bien, répondit la directrice d'un air absent. Je voudrais que vous escortiez maintenant cette jeune fille, Alice, et que vous lui expliquiez les incertitudes quantiques, les fluctuations d'énergie dans un système, et tout ce qui s'ensuit. » D'un signe de la main, la directrice leur signifia que l'entretien était terminé.

Elle se tourna vers son bureau et se lança dans de savantes manœuvres avec tous ses boutons.

Le comptable sortit rapidement avec Alice avant que quelque chose d'autre ne survienne. Ils se rendirent dans une pièce beaucoup plus réduite et très encombrée. Un haut pupitre à l'ancienne était couvert de dossiers et des piles de papiers s'entassaient sur le sol. Alice regarda l'un des dossiers ouverts. Les pages étaient couvertes de colonnes de chiffres, comme tous les livres de comptes qu'elle avait eu l'occasion de voir auparavant, à ceci près que les chiffres changeaient continuellement tandis qu'elle les regardait.

« Eh bien, jeune demoiselle ! dit le personnage victorien qui se dressait devant elle. Vous voulez vous informer sur l'incertitude, n'est-ce pas ?

— Oui, s'il vous plaît, si cela ne vous dérange pas trop, répondit poliment Alice.

— Eh bien voyons », commença-t-il en s'asseyant devant son pupitre. Il joignit ses doigts comme le font traditionnellement les professeurs qui veulent se donner une apparence digne, mais c'était une mauvaise idée, car un tic le secoua si fort que ses doigts se mêlèrent et qu'il dut s'interrompre pour les séparer. « Eh bien, reprit-il en enfonçant les mains dans ses poches pour plus de sûreté. N'oubliez jamais que l'énergie est *conservée*, ce qui veut dire qu'il y en a toujours la même quantité. Elle peut être convertie d'une forme dans une autre, mais la quantité *totale* reste toujours la même. En tout cas, à long terme », ajouta-t-il avec un vague regret, et il soupira, regardant dans le lointain d'un air triste.

« Ce n'est donc pas vrai à court terme ? demanda Alice, qui pensait devoir relancer la conversation.

— En fait non, pas complètement. Pas du tout même si le terme est très court. Vous avez vu l'affiche sur la relation de Heisenberg dans le hall de la banque, n'est-ce pas ?

— Oui. On m'a dit qu'elle indiquait la durée des prêts d'énergie.

— Eh bien oui, en quelque sorte. Mais d'où croyez-vous que vienne l'énergie accordée dans les prêts ?

— Eh bien, de la banque, évidemment !

— Oh mon Dieu, non ! répondit le comptable, l'air horrifié. Certainement pas ! Il ferait beau voir que la banque prête de l'énergie de son propre compte ! Non, continua-t-il en regardant tout autour de lui avec un air de conspirateur, c'est un fait peu connu, mais l'énergie ne vient pas de la banque. En réalité, elle ne vient de nulle part. C'est une fluctuation quantique. La quantité d'énergie dont dispose un système n'est pas définie strictement, elle peut varier, augmenter ou diminuer, d'un moment à l'autre. Plus vous la mesurez à intervalles rapprochés et plus elle est susceptible de varier entre-temps. À cet égard, l'énergie diffère de l'argent. Si vous avez besoin d'argent pour une raison quelconque, il vous faut le trouver quelque part, n'est-ce pas ? Vous pouvez le prendre sur votre compte bancaire ou l'emprunter à quelqu'un, ou même le voler !

— Je ne ferais jamais une chose pareille ! » s'écria Alice avec indignation. Le comptable poursuivit, ignorant son interruption.

« Quelle que soit la façon dont vous entrez en possession de cet argent, il doit venir de quelque part. Si vous en avez plus, quelqu'un en a moins. C'est ce qui arrive dans le court terme immédiat, en tout cas. À long terme, c'est différent : en période d'inflation, il y a de plus en plus d'argent. Tout le monde en a plus, mais il n'a pas le même pouvoir d'achat qu'auparavant. C'est exactement l'inverse pour l'énergie, d'une certaine manière. À long terme, elle est conservée, la quantité totale ne change pas, et il ne se produit rien qui ressemble à l'inflation économique. Chaque année, vous aurez besoin de la même quantité d'énergie en moyenne pour passer d'un état à un autre dans un atome. À court terme, en revanche, l'énergie n'est pas si bien conservée. Une particule peut emprunter l'énergie dont elle a besoin dans un but précis sans avoir besoin de l'emprunter à une autre : l'énergie apparaît spontanément lors d'une fluctuation quantique. Ces fluctuations sont une des conséquences des relations de Heisenberg : la quantité d'énergie dont chaque particule dispose est fluctuante, et plus on la mesure sur une durée brève, plus la quantité dont on dispose est incertaine.

— Cela me paraît terriblement compliqué, dit Alice.

— À qui le dites-vous ! répliqua son compagnon avec emphase. Imaginez la vie d'un comptable tentant d'équilibrer des chiffres qui fluctuent sans cesse !

— Quelle horreur, compatit Alice. Mais comment vous débrouillez-vous ?

— Eh bien, en général j'essaie de prendre le plus de temps possible pour faire mes comptes. Voyez-vous, plus je prends du temps et plus les fluctuations résiduelles sont faibles. Malheureusement, les gens s'impatientent et ne cessent de me demander si je prévois de passer l'éternité à équilibrer leurs comptes. Ce serait d'ailleurs la seule manière valable de procéder, continua-t-il d'un air grave. Plus je mets longtemps et plus les fluctuations se réduisent. Si je mettais l'éternité, il n'y aurait donc plus aucune fluctuation dans

L'énergie peut être transformée d'une forme à une autre, mais l'énergie totale d'un système reste constante, aussi longtemps qu'il ne transfère pas d'énergie vers son environnement. Cela est vrai, de façon absolue, en mécanique classique, et c'est également vrai à long terme en mécanique quantique. Mais, à court terme, la quantité d'énergie fluctue.

Le mot « fluctuation » est plus approprié que le mot « incertitude », car les conséquences physiques sont réelles. Au cours de ce qu'on appelle une désintégration nucléaire alpha, par exemple, une particule alpha quitte le noyau en traversant une barrière d'énergie.

Nous rencontrerons la désintégration alpha au chapitre huitième, et nous avons déjà abordé le passage d'une barrière par effet tunnel au chapitre premier.

mes comptes, ils seraient parfaitement équilibrés ! s'exclama-t-il d'un air de triomphe. Malheureusement, ils ne me laissent jamais tranquille, tous trop impatients et désireux d'effectuer tout le temps des transitions d'un état à un autre.

— Justement, je voulais vous demander ce qu'étaient ces états dont j'entends toujours parler. Pourriez-vous me l'expliquer, s'il vous plaît ? demanda Alice.

— Je ne suis pas vraiment la personne la plus qualifiée pour vous en parler. Cela relève de la mécanique quantique, et vous feriez mieux d'aller à l'institut de Mécanique pour vous renseigner.

— On m'a déjà dit cela tout à l'heure, répliqua Alice. Alors si, réellement, il s'agit du meilleur endroit pour s'informer, auriez-vous l'obligeance de m'indiquer comment m'y rendre ?

— Je crains malheureusement de ne pas pouvoir vous dire comment vous y rendre. Ce n'est pas ainsi que nous procédons ici. Mais, je puis faire en sorte que vous y parveniez *très probablement.* »

Il se dirigea vers le mur de son bureau, masqué par un rideau poussiéreux. Il le tira d'un coup sec et Alice vit apparaître une rangée de portes.

« Où conduisent ces portes ? demanda-t-elle. L'une d'entre elles conduit-elle à l'institut dont vous parliez ?

— *Chacune* d'entre elles peut vous conduire presque n'importe où, y compris bien entendu à l'institut. Mais il se trouve que ces portes *toutes ensemble* vous conduiront très probablement à l'institut.

— Je ne comprends pas, se plaignit Alice, sentant à nouveau monter en elle ce sentiment, désormais familier, de désarroi complet. Si chaque porte conduit n'importe où, alors toutes les portes doivent conduire n'importe où.

— Absolument pas ! Ce sont deux choses entièrement distinctes. Si d'aventure vous passez une des portes, vous pouvez vous retrouver n'importe où, mais si vous les traversez toutes en même temps, alors vous allez très probablement vous retrouver où vous souhaitez aller, au pic de la figure d'interférence.

— Cela n'a aucun sens ! s'exclama Alice. Je ne peux évidemment pas passer toutes les portes en même temps. vous voyez bien qu'on ne peut passer que par une seule porte à la fois !

— Ah, là, c'est différent ! Si je *vous* vois passer par une porte, alors vous allez, bien entendu, franchir *cette* porte et *pas* une autre. Mais si je ne vous vois pas, il est alors parfaitement possible que vous soyez passée par n'importe quelle porte. Et, en ce cas, la règle générale s'applique. »

Il montra une grande pancarte accrochée au mur face à son pupitre, là où il ne pouvait manquer de la voir. Elle indiquait :

TOUT CE QUI N'EST PAS INTERDIT EST OBLIGATOIRE !

« C'est l'une des règles les plus fondamentales ici. S'il est possible d'accomplir plusieurs actions différentes, vous ne pouvez pas en effectuer une seule, mais vous devez toutes les exécuter. Cela évite souvent d'avoir à prendre des décisions. Aussi, allez-y, passez par toutes les portes et partez dans toutes les directions simultanément. Vous verrez que c'est très facile et que vous arriverez rapidement au bon endroit.

— C'est ridicule ! protesta Alice. Comment voulez-vous que je passe en même temps par plusieurs portes ?

— Comment pouvez-vous dire cela avant d'avoir essayé ? Vous n'avez jamais fait deux choses en même temps ?

— Si, bien sûr ! répondit Alice. J'ai déjà regardé la télévision en faisant mes devoirs, mais cela n'a rien à voir. Je ne suis jamais partie dans deux directions en même temps.

— Je vous conseille d'essayer, répliqua le comptable d'un air revêche. On ne peut jamais savoir si une action est possible ou non avant de l'avoir tentée. C'est cette vision négative des choses qui freine tout progrès. Si vous désirez aller quelque part dans ce pays, vous devez faire tout ce que vous pouvez faire, et tout en même temps. Ne vous souciez pas de là où cela vous conduit, les interférences s'en occupent !

— Que voulez-vous dire ? Que sont les interférences ? demanda Alice.

— Je n'ai pas le temps de vous l'expliquer, les mécaniciens s'en chargeront. Allez, partez, ils vous le diront à votre arrivée. »

« C'est vraiment agaçant ! songea Alice. Tout le monde m'envoie ailleurs en me promettant à chaque fois que j'obtiendrai là toutes les explications nécessaires. J'aimerais bien que quelqu'un m'explique tout cela une bonne fois pour toutes ! Et comment aller dans plusieurs directions en même temps ? C'est complètement impossible, j'en suis sûre ! Mais il a l'air tellement certain que je peux le faire, que je n'ai qu'à essayer, je suppose. » Alice ouvrit une des portes et la franchit.

Les chemins d'Alice

***

Alice franchit la porte de gauche et se retrouva dans une petite cour pavée d'où partaient trois étroites allées. Elle prit l'allée de gauche et parvint rapidement au bord d'une grande place dallée, au centre de laquelle s'élevait un grand bâtiment sombre aux premiers étages aveugles. Il était très intimidant.

***

Alice franchit la porte de gauche et se retrouva dans une petite cour pavée d'où partaient trois étroites allées. Elle prit l'allée de droite et parvint rapidement au bord d'un parc dont les allées de gravier envahies de mauvaises herbes serpentaient entre des saules tristes. De hautes grilles de fer entouraient le parc qu'une brume humide cachait presque à ses regards.

***

Alice franchit la porte de gauche et se retrouva dans une petite cour pavée d'où partaient trois étroites allées. Elle prit l'allée centrale et parvint rapidement dans une autre cour, face à un bâtiment d'allure misérable.

***

Alice franchit la porte de droite et se retrouva dans une ruelle étroite, d'où partait une venelle de chaque côté. Elle prit la venelle de gauche et parvint rapidement au bord d'une grande place dallée, au centre de laquelle s'élevait un grand bâtiment sombre aux premiers étages aveugles. Il était très intimidant et Alice eut la vague impression qu'elle n'aurait pas dû se trouver là.

***

Alice franchit la porte de droite et se retrouva dans une ruelle étroite, d'où partait une venelle de chaque côté. Elle prit la venelle de droite et parvint rapidement au bord d'un parc dont les allées de gravier envahies de mauvaises herbes serpentaient entre des saules tristes. De hautes grilles de fer entouraient le parc qu'une brume humide cachait presque à ses regards et Alice eut l'impression très nette qu'elle n'aurait pas dû se trouver là.

***

Alice franchit la porte de droite et se retrouva dans une ruelle étroite, d'où partait une venelle de chaque côté. Elle resta dans la ruelle et parvint rapidement dans une cour, face à un bâtiment d'allure misérable. Alice eut confusément l'impression que c'est là qu'elle devait aller.

***

Alice franchit la porte du milieu et se retrouva devant un mur percé de trois portes voûtées qui ouvraient sur des allées. Elle prit l'allée de gauche et parvint rapidement au bord d'une grande place dallée, au centre de laquelle s'élevait un grand bâtiment sombre aux premiers étages aveugles. Il était très intimidant et Alice eut l'impression très nette qu'elle n'aurait pas dû se trouver là.

***

Les particules qui peuvent emprunter différents chemins existent sous la forme d'une superposition, d'une somme d'amplitudes. Chaque chemin possible contribue à une amplitude, une option, pour le comportement des particules, et toutes les amplitudes sont simultanément présentes. Les différentes amplitudes peuvent interférer, se combinant les unes avec les autres de façon à s'ajouter dans certaines régions et conduisant ainsi à une probabilité élevée de trouver les particules à ces endroits. Elles peuvent se compenser ailleurs, se soustraire, et conduire ainsi à une probabilité réduite de trouver là des particules. Les amplitudes et leurs interférences sont traitées dans le chapitre suivant.

Alice franchit la porte du milieu et se retrouva devant un mur percé de trois portes voûtées qui ouvraient sur des allées. Elle ne prit pas l'allée de droite car cela lui parut une très mauvaise idée.

***

Alice franchit la porte du milieu et se retrouva devant un mur percé de trois portes voûtées qui ouvraient sur des allées. Elle prit l'allée centrale et parvint rapidement dans une cour, face à un bâtiment d'allure misérable. Alice eut la certitude que c'est là qu'elle devait aller.

***

Alice regarda plus attentivement le bâtiment. Une pancarte délavée à côté de la porte permettait tout juste de déchiffrer les mots : « Institut de Mécanique ». Elle se trouvait exactement là où elle souhaitait aller !

Chapitre troisième

L'institut de Mécanique

Alice examina le bâtiment qui se trouvait devant elle. Loin d'être remarquable, il s'agissait d'une bâtisse toute simple, en briques patinées par les intempéries. Une pancarte indiquait : « institut de Mécanique », et quelqu'un avait cloué sur la porte de bois un panneau avertissant : « Entrez sans frapper. » Alice poussa la porte, découvrit qu'elle n'était pas fermée et entra.

Elle se retrouva dans une grande salle obscure dont seule la partie centrale était éclairée. Tout le reste de la pièce paraissait se dissoudre à l'infini dans des ténèbres où l'on ne pouvait rien discerner. Dans la flaque de lumière, on distinguait une table de billard autour de laquelle se déplaçaient deux silhouettes. Alice se dirigea vers elles, et, à son approche, celles-ci se retournèrent pour la regarder. Le couple était bizarrement assorti. Le premier individu, grand et osseux, portait une chemise blanche amidonnée avec un col dur, une cravate étroite et, au grand étonnement d'Alice, une cotte de machiniste. Son visage s'ornait d'un nez aquilin et d'épais favoris, et son regard avait une telle intensité qu'Alice eut le sentiment qu'il lui permettait de discerner les détails les plus infimes de ce qu'il observait. Son compagnon était plus jeune et moins grand. Son visage poupin s'agrémentait d'une paire de lunettes rondes cerclées d'acier. On distinguait mal ses yeux derrière les verres et il était difficile de déterminer dans quelle direction se portait son regard, ou même de dire exactement où étaient ses yeux. Il portait une blouse blanche ouverte sur un T-shirt orné d'un dessin évoquant l'atome, aux contours flous et aux couleurs délavées.

« Excusez-moi, suis-je bien à l'institut de Mécanique, s'il vous plaît ? » demanda Alice pour engager la conversation. Elle savait bien, d'après la pancarte à l'extérieur, qu'elle s'y trouvait.

« Oui, ma chère enfant, répondit le plus grand et le plus impressionnant des deux personnages. Je suis moi-même un mécanicien classique, venu du monde classique, et je rends visite à mon collègue, ici présent, qui est un mécanicien quantique. Quel que soit votre problème, je suis sûr qu'à nous deux nous pourrons vous aider, si vous voulez bien attendre un instant que nous finissions notre échange. »

Les deux hommes se retournèrent vers la table de billard. Le mécanicien classique visa soigneusement, évaluant précisément tous les angles en jeu à

une fraction de degré près, et il frappa franchement la boule blanche, qui rebondit sur les bandes dans une magnifique série de ricochets, avant de heurter la boule rouge et de l'envoyer directement au centre d'une poche. « Ah, voilà qui est bien ! » s'exclama-t-il avec satisfaction, en récupérant la boule rouge. « C'est ainsi que l'on doit procéder, une observation exacte et rigoureuse suivie d'une action précise. En opérant ainsi, on obtient toujours le résultat souhaité. »

Son compagnon ne répondit pas, mais il s'approcha de la table et frappa la boule avec sa queue de billard d'une manière difficile à saisir. Forte de ses expériences antérieures, Alice ne fut guère étonnée de voir que la boule partait simultanément dans toutes les directions, au point qu'il n'y avait aucun endroit de la table dont elle aurait pu affirmer que la boule n'y était pas passée. Elle n'aurait pas non plus pu dire où se trouvait la boule à présent. Un instant plus tard, le joueur plongea la main dans une poche de sa blouse et en ressortit la boule.

« Si je puis me permettre, dit Alice, il me semble que vous avez des façons très différentes de jouer au billard.

— C'est tout à fait juste, répliqua le mécanicien classique. Je déteste sa façon de jouer, car j'aime que les choses soient faites avec le plus grand soin, la plus haute précision, et que tout soit planifié à l'avance dans les moindres détails. Mais j'imagine que vous n'êtes pas venue ici pour nous regarder jouer au billard. Quelle est la raison de votre visite ? »

Alice raconta toutes ses aventures depuis son arrivée au pays des quanta, et elle expliqua dans quelle confusion mentale elle se trouvait et à quel point tout lui paraissait étrange et flou. « Je ne sais même pas comment je suis arrivée jusqu'à ce bâtiment, dit-elle pour finir. On m'a dit que l'interférence me conduirait probablement au bon endroit, mais je ne comprends absolument pas ce qui s'est passé.

— Eh bien, à dire vrai, commença le mécanicien classique, qui semblait s'être fait le porte-parole des deux, je ne le comprends pas réellement moi-même. Comme je vous le disais, j'aime que les choses soient bien définies, que les effets suivent leurs causes d'une manière sensée et que tout soit clair et prévisible. Pour être franc, il n'y a pas grand-chose ici qui ait un sens pour moi, continua-t-il en chuchotant à l'oreille d'Alice. Je suis juste de passage ici, je viens du monde classique, un endroit magnifique où tout arrive avec une précision mécanique. Les effets y suivent les causes d'une façon merveilleusement prévisible, tout a un sens, et on sait à l'avance ce qui va se produire. En plus, les trains arrivent à l'heure, ajouta-t-il après coup

☞ note 1 p. 83

— Très impressionnant, dit poliment Alice. Si tout est si bien organisé, c'est sans doute parce que tout est commandé par ordinateur ?

— Oh non, répondit le mécanicien classique. Nous n'utilisons pas du tout d'ordinateurs. D'ailleurs, l'électronique ne fonctionne pas dans le monde classique. Nous préférons les machines à vapeur. Je ne me sens pas vraiment chez moi au pays des quanta, mon ami, ici présent, est beaucoup plus familier des conditions quantiques. Je peux tout de même vous expliquer ce que sont les interférences, car elles existent aussi en mécanique classique. Suivez-moi et je vous montrerai. »

Il conduisit Alice à la porte, traversa un corridor et pénétra dans une autre pièce. Celle-ci était brillamment éclairée, d'une lumière jaillissant intensément de partout à la fois. Ils se tenaient sur une étroite passerelle de bois qui faisait le tour de la pièce. Le sol au milieu était recouvert d'un matériau gris nacré qui n'avait pas l'air bien solide, et qui était parcouru d'éclairs dans tous les sens, un peu comme un écran de télévision qui ne capte pas de chaîne.

Le mécanicien expliqua : « Nous sommes ici dans le salon de pensée. Vous savez que certains clubs pour *gentlemen* ont des salons pour écrire et des salons de lecture, eh bien, ici nous avons un salon de pensée. Les pensées peuvent ici se matérialiser et être visibles de tous. Cela nous permet d'y effectuer des *expériences de pensée* pour explorer ce qui se passerait dans différentes situations du monde physique, et cela revient beaucoup moins cher que des expériences réelles.

— Comment cela fonctionne-t-il ? demanda Alice. On pense à quelque chose et cela apparaît ?

— Exactement, c'est à peu près tout ce qu'il faut faire.

— Oh, s'il vous plaît, je peux essayer ? demanda Alice.

— Oui, bien sûr, si vous en avez envie. »

Alice se mit alors à réfléchir intensément devant la surface perpétuellement scintillante. À sa grande surprise, elle vit avec ravissement la surface vide se peupler d'un groupe de petits lapins sautillants.

« Très joli, dit le mécanicien avec impatience. Mais, cela ne nous aide guère à expliquer l'interférence. » Il fit un geste et tous les lapins s'évanouirent, excepté un petit qui resta discrètement dans un coin.

« L'interférence, commença-t-il avec autorité, est un phénomène lié aux ondes. Il existe beaucoup de sortes d'ondes différentes dans les systèmes physiques, mais il sera plus simple de considérer des ondes à la surface de l'eau. »

Il contempla fixement la surface, qui se transforma devant les yeux d'Alice en une nappe d'eau parcourue de petites rides. Dans l'angle, le lapin disparut sous l'eau avec un « Plop », quand le sol se transforma en liquide sous ses pattes. Il se débattit vivement et réapparut en les regardant fixement. Il se secoua, contempla tristement sa fourrure mouillée, puis disparut.

« Nous désirons maintenant quelques ondes », continua le mécanicien classique sans prêter aucune attention au malheureux lapin. Alice fit l'effort de se concentrer, et une longue vague déferla à travers la surface avant de se briser sur une plage apparue à l'extrémité.

« Non, ce n'est pas la sorte d'ondes qu'il nous faut. Ces grosses vagues écumantes sont trop complexes. Des oscillations régulières, comme il s'en produit quand on jette une pierre dans une mare, voilà ce qu'il nous faut, comme ceci. » Tandis qu'il parlait, une série d'ondulations circulaires apparurent au centre de la surface.

« Imaginons plutôt des *ondes planes* qui se déplacent toutes dans la même direction. » Les ondulations circulaires se transformèrent en une série de longs sillons parallèles, comme un champ labouré, traversant toute la surface d'un côté à l'autre.

« Plaçons maintenant une barrière au milieu. » Une digue basse surgit au milieu de l'eau, la séparant ainsi en deux zones. Les vagues s'avancèrent jusqu'à la digue, et l'eau se mit à monter et à descendre le long de la digue sans passer de l'autre côté ; la zone placée derrière la digue était à présent calme et immobile.

« Laissons maintenant un passage dans la digue pour que les ondes puissent la traverser. » Une petite ouverture nette apparut, juste à gauche du centre de la digue. Quand les vagues venaient frapper cet étroit passage, elles le traversaient et s'écartaient ensuite en cercles concentriques dans la zone calme située derrière.

« Voyons ce qui se passe avec deux ouvertures dans la digue », s'écria le mécanicien classique. Un second passage apparut brusquement à droite du centre de la digue ; les vagues s'écartaient maintenant en cercles depuis chacune des deux ouvertures. À l'endroit où elles se croisaient, Alice vit que l'eau oscillait violemment, bien plus que lorsqu'un seul passage était ouvert, tandis qu'ailleurs, l'eau ne bougeait quasiment pas.

« Vous allez comprendre ce qui se passe si je ralentis le mouvement. C'est facile puisqu'il ne s'agit que d'une expérience de pensée. » Le mouvement de l'eau se ralentit jusqu'à devenir imperceptible, et les vagues se figèrent comme si toute la région avait soudain gelé.

« Nous allons maintenant marquer les points d'amplitude maximale et minimale, continua le mécanicien classique d'un air décidé. L'amplitude est la hauteur de la vague au-dessus du niveau de l'eau calme. » Deux flèches fluorescentes apparurent, suspendues au-dessus de la surface : l'une, vert pomme, pointait vers une zone très agitée, l'autre, rouge pâle, vers un lieu très calme sur la surface.

« Vous allez comprendre le phénomène si nous examinons séparément ce qui se produit à chacun des endroits où l'eau traverse la digue », dit-il avec un enthousiasme croissant. L'une des ouvertures se referma, et il ne resta plus que les ondes circulaires s'écartant de l'autre goulet, qui restaient toujours figées comme si elles étaient en verre.

« Passons à l'autre maintenant. »

Alice ne vit guère de différence. La position de l'ouverture avait changé et la disposition des ondes s'était légèrement décalée, mais l'allure générale demeurait tout à fait similaire. « J'ai bien peur de ne pas saisir ce que vous essayez de me montrer, dit-elle. Les deux situations me paraissent identiques.

— Vous verrez mieux la différence si nous passons rapidement d'une situation à l'autre. » La position de l'ouverture sautait maintenant d'un côté à l'autre, une fois à gauche, une fois à droite, et la disposition des vagues sur la surface se déplaçait d'un côté à l'autre.

« Regardez la hauteur des vagues sous la flèche verte », s'écria le mécanicien classique, dont Alice ne comprenait pas l'enthousiasme subit. Elle fit pourtant ce qu'on lui demandait, et elle constata qu'au point indiqué, la hauteur de l'eau était élevée dans les deux cas. « Chaque ouverture dans la digue produit une onde qui est haute à cet endroit précis, aussi, quand les deux passages sont ouverts, l'eau s'élève deux fois plus, et les vagues sont bien plus hautes que lorsqu'un seul est ouvert. Nous appelons cela une *interférence constructrice.* Regardez maintenant sous la flèche rouge. »

Alice constata alors que l'une des ouvertures produisait une vague qui atteignait son sommet à cet endroit, mais que l'autre produisait une vague qui avait un creux à ce même endroit. « Vous voyez que là, les vagues produites d'un côté montent quand celles venant de l'autre côté descendent. Lorsqu'il y a deux ouvertures, elles se compensent mutuellement et l'effet qui en résulte est nul. Nous appelons cela une *interférence destructrice.* C'est l'essentiel de ce qu'il faut savoir sur les interférences des ondes, en fait. Quand deux ondes se rencontrent et se combinent, leurs amplitudes, c'est-à-dire la "quantité" dont elles montent ou descendent, se combinent. À certains endroits, les ondes oscillent dans le même sens, leurs effets s'ajoutent et on obtient alors un résultat important. Ailleurs, elles oscillent en sens inverse et leurs effets se compensent.

— Bon, je crois que j'ai saisi, dit Alice. Si je comprends bien, les portes que j'ai traversées à la banque Heisenberg jouaient le rôle des passages dans votre digue : leurs effets se renforçaient aux endroits où je devais aller et se compensaient ailleurs. Mais je ne vois pas comment cela peut s'appliquer à ma situation. Avec vos ondes à la surface de l'eau, vous dites que l'onde est plus haute à certains endroits et moins ailleurs en raison de l'interférence, mais l'onde recouvre toute la surface, tandis que moi, je ne suis toujours qu'à un seul endroit à chaque instant.

— Exactement ! s'exclama le mécanicien classique dans un cri de triomphe. C'est bien là le problème. Comme vous le dites, vous êtes en un seul endroit. Vous ressemblez plus à une particule qu'à une onde, et les particules se comportent différemment dans le monde classique raisonnable. Une onde s'étend sur une grande surface et vous n'en voyez qu'une petite partie à chaque endroit. Du fait de l'interférence, vous en avez plus ou moins à des positions différentes, mais vous ne voyez jamais qu'une petite partie de l'onde entière, où que vous regardiez. Une particule, quant à elle, est localisée en un endroit précis. Si vous regardez quelque part, soit vous y trouvez la particule tout entière, soit vous n'y trouvez rien. En mécanique classique, il est hors de question qu'une particule manifeste des effets d'interférence, comme nous allons le démontrer maintenant. »

De nouveau, il regarda intensément le sol du salon de pensée. La surface liquide se transforma en un lisse blindage d'acier, entouré d'un parapet assez haut pour qu'ils puissent s'abriter derrière. Au milieu du plancher, à l'endroit où se trouvait auparavant la digue, s'élevait désormais une cloison, blindée elle aussi, percée d'une étroite fente un peu à gauche du centre. « Nous avons maintenant la même installation qu'auparavant, mais cette fois-ci adaptée à des particules rapides. Dans la mesure où celles-ci se comportent un peu comme des balles de mitrailleuse, c'est ce que nous utiliserons. »

Il montra d'un geste l'extrémité de la pièce où venait d'apparaître une mitrailleuse d'aspect inquiétant, avec plusieurs caisses de munitions empilées. « Cette arme est montée sur un pied instable, elle ne tire donc pas toujours dans la même direction. Certaines balles vont traverser la fente et passer de l'autre côté, comme une partie de l'onde le faisait dans notre précédente expérience de pensée, mais la plupart vont ricocher sur la paroi blindée. À ce propos, s'interrompit-il soudain, nous ferions mieux de porter ceci au cas où nous serions atteints par une balle perdue. » Il fit apparaître une paire de casques d'aciers et en tendit un à Alice.

« Avons-nous vraiment besoin de cela ? demanda Alice. Il s'agit seulement d'une expérience de pensée, des balles imaginaires ne peuvent guère nous faire de mal.

L'interférence est une propriété classique des ondes. Elle se produit lorsque des amplitudes, des perturbations, provenant de sources différentes, se rejoignent, car elles peuvent s'ajouter à certains endroits et se compenser ailleurs. Cela conduit à des régions d'activité intense ou d'activité faible selon le cas. Un tel effet est visible quand les sillages de deux bateaux se croisent.
Des effets d'interférence peuvent également être responsables d'une mauvaise réception de signaux de télévision, quand l'onde réfléchie par un bâtiment interfère avec le signal direct.
Le phénomène d'interférence n'existe que si les distributions spatiales sont étendues et se recouvrent. Classiquement, des particules n'occupent donc qu'une seule position et n'interfèrent pas.

— Oui, c'est possible. Mais vous pourriez *penser* que vous avez été touchée par une balle, ce qui ne serait pas très agréable, vous savez. »

Alice mit le casque. Elle ne le sentait pas et ne croyait pas qu'il eût la moindre utilité, mais il lui parut inutile de discuter plus longtemps. Le mécanicien classique se redressa, fit un signe autoritaire de la main et la mitrailleuse se mit à tirer très bruyamment. Les balles partaient à un rythme irrégulier. La plupart touchaient la paroi blindée et ricochaient en tous sens, mais certaines passaient par la fente et s'écrasaient sur le mur d'en face. Alice, intriguée, remarqua que lorsque les balles touchaient le mur, elles s'arrêtaient brutalement puis flottaient doucement avant de s'immobiliser dans l'air juste au-dessus du point touché.

« Comme vous le voyez, alors que l'onde se dispersait sur toute la largeur du mur, une balle n'atteint qu'une seule position. Malgré tout, dans cette expérience, la balle a une plus grande *probabilité* de toucher le mur en face de la fente que de ricocher sur les bords de la fente et d'aboutir alors loin sur les côtés. Si nous attendons quelques instants, nous allons voir comment cette probabilité se répartit le long du mur. » Au fil du temps, le nombre de balles suspendues en l'air au-dessus du mur augmenta régulièrement. Alice vit ainsi une tendance se manifester peu à peu.

« Vous commencez maintenant à voir comment se répartissent les balles qui ont passé la fente, remarqua le mécanicien classique quand la mitrailleuse se tut. La plupart sont arrivées juste en face de la fente, et le nombre diminue régulièrement de chaque côté. Voyons, maintenant, ce qui se passe si l'on déplace la fente sur la droite. » Un autre signe de la main, et les balles retombèrent au sol. La mitrailleuse se remit à tirer bruyamment. La démonstration était assourdissante et mettait Alice mal à l'aise, mais le résultat lui parut identique au précédent. En toute franchise, c'était décevant.

« Comme vous le voyez, dit le mécanicien classique avec une assurance qu'Alice était loin de partager, la distribution spatiale est semblable à la précédente, mais déplacée vers la droite, car son maximum est maintenant en face de la nouvelle position de la fente. » Alice ne voyait pas la différence, mais était prête à le croire sur parole. « Maintenant, reprit le mécanicien d'un ton théâtral, voyons ce qui se passe quand les deux fentes sont ouvertes. »

Alice ne remarqua encore aucune différence, sinon qu'un plus grand nombre de balles atteignait le mur maintenant qu'il y avait deux fentes. Elle se décida finalement à formuler une remarque : « J'ai bien peur que le résultat me paraisse toujours le même à chaque fois, dit-elle d'un ton d'excuse.

— Exactement ! s'exclama son guide avec satisfaction. À ceci près que, comme vous l'aurez sans doute remarqué, le maximum de la distribution spatiale se trouve maintenant concentré entre les deux fentes. Nous avions une première distribution correspondant à la probabilité que les balles passent par la fente de gauche et une seconde distribution correspondant à la probabilité que les balles passent par la fente de droite. Quand les deux fentes sont ouvertes, les balles peuvent passer par l'une ou l'autre des fentes, et la distribution spatiale totale résulte simplement de la somme des deux distributions séparées, puisque les balles sont nécessairement passées par l'une *ou* par l'autre des fentes. En effet, elles ne peuvent pas être passées *par les deux à la fois*, vous savez, ajouta-t-il à l'intention du mécanicien quantique, qui venait d'entrer dans le salon de pensée.

— C'est ce que vous pensez, lui répondit son collègue, mais comment pouvez-vous en être si sûr ?

Regardez ce qui se passe si votre expérience de pensée est répétée avec des électrons. »

À son tour, le mécanicien quantique fit un geste de la main en direction du sol de la pièce. Si ses mouvements révélaient moins d'assurance que ceux de son compagnon, ils semblaient tout aussi efficaces. La mitrailleuse et les parois blindées disparurent. Le sol redevint le matériau scintillant qu'Alice avait vu à son arrivée, mais barré par le mur, désormais familier, percé de deux fentes. L'autre bout de la pièce était fermé par un large écran verdâtre. « C'est un écran fluorescent, lui murmura le mécanicien quantique à l'oreille. Il produit un éclair de lumière quand il est touché par un électron, ce qui permet de détecter leur position. »

Près d'eux, à l'endroit où la mitrailleuse était montée, se trouvait maintenant un canon, court et large, semblable à une version miniature de ces canons utilisés dans les cirques pour lancer des acrobates dans le ciel. « Qu'est-ce que c'est ? demanda Alice.

— Un canon à électrons, évidemment ! »

Alice regarda plus attentivement, et elle vit qu'un petit escalier menait à la bouche du canon et qu'une file d'électrons attendait d'être lancée. Ils paraissaient beaucoup plus petits que ceux qu'elle avait vus auparavant, mais elle pensa : « Bien sûr, ce sont seulement des électrons de pensée. »

Tandis qu'elle les regardait, elle fut surprise de les voir se tourner vers elle et lui faire un signe de la main. « Je me demande comment ils me connaissent, se dit-elle. Mais bien sûr, je suppose qu'ils sont tous le même électron que celui que j'ai rencontré ! »

« Commencez le tir ! » ordonna le mécanicien quantique, et les électrons escaladèrent l'escalier, sautèrent dans la bouche du canon et furent lancés en un courant continu. Alice ne pouvait absolument pas les distinguer pendant leur vol, mais elle voyait un éclair brillant à l'endroit où ils rencontraient l'écran fluorescent. Quand un éclair s'éteignait, il laissait derrière lui une petite lumière, scintillante comme une étoile, qui s'élevait au-dessus de l'écran et indiquait la position atteinte par l'électron.

Comme la mitrailleuse quelques instants auparavant, le canon à électrons continua à tirer quelque temps et les petites étoiles commençaient à tracer une distribution dans l'espace reconnaissable. Au début, Alice n'était pas très sûre de voir quoi que ce soit de précis, mais à mesure que le nombre de petites lumières augmentait, il devint clair que leur distribution spatiale était très différente de celle des balles.

Au lieu d'une décroissance lente et régulière de chaque côté à partir du centre, les étoiles s'alignaient en bandes étroites, séparées par des bandes sombres. Alice se rendit soudain compte que cela ressemblait assez à ce qu'elle avait vu pour les ondes, où des régions de forte amplitude étaient séparées par des zones calmes.

Cette fois, l'on pouvait voir des régions où beaucoup d'électrons avaient été détectés et des zones où très peu étaient arrivés. Elle ne fut donc guère surprise d'entendre le mécanicien quantique déclarer : « Vous voyez que nous avons là un effet d'interférence très net. Avec les ondes à la surface de l'eau, vous aviez des régions d'amplitude plus ou moins haute. Ici, chaque électron n'est détecté qu'à un seul endroit, mais la *probabilité* de détecter un électron varie d'un endroit à l'autre. La distribution des différentes amplitudes de l'onde est ici remplacée par une distribution des probabilités. Avec un électron ou deux, le phénomène n'est pas très apparent, mais si l'expérience se réalise avec une grande quantité d'électrons, on en dénombre beaucoup dans les régions où il y a de forte probabilité d'en trouver. Avec une seule fente ouverte, nous aurions vu la distribution dans l'espace décroître régulièrement de chaque côté du maximum, comme avec les balles ou les ondes sur l'eau quand une seule fente est ouverte. Nous voyons ici qu'avec deux fentes ouvertes, les amplitudes correspondant à chacune des fentes interfèrent et produisent des maxima et des minima incontestables dans la distribution des probabilités. Le comportement des électrons est donc très différent de celui des balles de mon collègue.

— Je ne comprends pas », dit Alice. Il lui semblait que c'était la seule chose qu'elle avait à dire depuis quelque temps. « Vous voulez dire qu'il y a tellement d'électrons en vol que ceux qui passent par une fente interfèrent d'une manière ou d'une autre avec ceux qui passent par l'autre fente

— Non, ce n'est pas ce que je veux dire, pas du tout ! Je vais vous montrer ce qui se passe quand il n'y a qu'un seul électron en vol à chaque fois. » Il frappa dans ses mains et cria : « OK ! On la refait, mais plus lentement cette fois. » Les électrons se jetèrent dans l'action, ou plus exactement, l'un d'entre eux grimpa

La plus forte preuve expérimentale du comportement quantique vient du phénomène d'interférence. Quand plusieurs résultats sont simultanément possibles, il existe une amplitude pour chacun d'eux. Si ensuite ces amplitudes peuvent, à un endroit, se rassembler, elles s'ajoutent ou se compensent, et la probabilité globale résultante montre des maxima et des minima distincts, des bandes alternées de présence et d'absence.

Cet effet est constaté en pratique dans toutes les situations où l'on s'attend à le rencontrer. C'est une forme d'effet d'interférence qui produit les niveaux d'énergie distincts des atomes : seuls les états qui « s'ajustent » exactement dans le puits de potentiel interfèrent « constructivement » pour donner un maximum intense de probabilité, tous les autres états interfèrent « destructivement » et ne sont donc pas présents.

dans le canon et partit. Les autres restaient tranquillement sur place. Un peu plus tard, un autre électron fit de même. Cela continua un certain temps, et Alice vit à nouveau apparaître la succession de zones remplies et de zones vides. Les zones étaient moins nettes parce que le rythme lent des tirs avait pour conséquence un nombre plus restreint de petites étoiles dans les zones pleines, mais la forme d'ensemble demeurait patente. « Vous voyez bien que l'effet d'interférence se manifeste aussi nettement quand un seul électron est en vol à un instant donné. Un seul électron, à lui tout seul, peut induire une interférence. En quelque sorte, il traverse les deux fentes à la fois et interfère avec lui-même.

— Mais c'est idiot ! s'écria Alice. Un électron unique ne peut pas traverser les deux fentes à la fois. Comme le disait le mécanicien classique, cela n'a pas de sens. » Elle s'approcha de la balustrade et observa la scène plus attentivement, pour essayer de voir les électrons au moment où ils traversaient les fentes. Malheureusement, l'éclairage était médiocre et elle ne voyait pas suffisamment clair pour distinguer la fente que traversait chaque électron. « C'est grotesque, se dit-elle. J'aurais besoin de plus de lumière. » Elle avait oublié qu'elle se trouvait dans le salon de pensée et elle fut stupéfaite de l'apparition soudaine d'un puissant projecteur sur un pivot à la hauteur de son coude. Elle le dirigea immédiatement vers les fentes, et fut ravie de voir apparaître un bref éclair près de l'une ou de l'autre fente au passage des électrons. « J'ai réussi ! s'exclama-t-elle. Je vois nettement les électrons au passage des fentes, et c'est bien ce que je disais : chacun ne passe que par une seule des fentes.

— Ah, ah ! répondit le mécanicien quantique d'un air entendu. Mais avez-vous remarqué ce qui est arrivé à la figure d'interférence ? »

Alice se tourna à nouveau vers l'écran fluorescent et fut abasourdie de constater que la distribution spatiale des petites étoiles décroissait maintenant régulièrement de chaque côté du maximum central, exactement comme la distribution des balles auparavant. Elle perçut cela comme une injustice.

« Il en est toujours ainsi, et l'on n'y peut rien, lui dit le mécanicien quantique, d'un ton apaisant. Si l'on ne dispose pas d'observations précisant par quelle fente passent les électrons, alors on a une figure d'interférence. Si, en revanche, on observe les électrons à leur passage, on constate effectivement qu'ils sont bien à un endroit ou à un autre, et non aux deux en même temps, mais également alors qu'ils se comportent exactement de la même manière que des objets qui ne passent que par une seule fente ; dès lors, on n'observe pas de phénomène d'interférence.

« Le problème est qu'il n'y a aucun moyen d'observer les électrons sans les perturber, en les éclairant par exemple ; ce fait même les oblige à choisir une trajectoire. Que vous preniez note ou non de la fente traversée importe peu, que vous ayez effectivement vu ou non par quelle fente ils sont passés n'a aucune conséquence non plus. Toute observation qui, *en principe*, pourrait vous indiquer cela perturbe les électrons et détruit l'interférence. L'effet d'interférence ne s'avère possible que si vous n'avez aucun moyen de savoir par où est passé l'électron.

« Vous voyez donc que, lorsque l'effet d'interférence existe, tout se passe comme si l'électron traversait simultanément les deux fentes. Si vous tentez de vérifier cela, vous observerez que les électrons ne traversent qu'une seule des fentes, mais alors l'effet d'interférence disparaîtra. À ce petit jeu, vous ne pouvez pas gagner ! »

Alice réfléchit un instant. « C'est complètement délirant ! s'exclama-t-elle.

— Sans doute, lui répondit le mécanicien quantique avec un sourire suffisant. Je suis bien d'accord sur le caractère extravagant, mais tel est le fonctionnement de la Nature, et nous devons bien nous en accommoder. C'est la complémentarité, je le dis toujours !

— Auriez-vous l'obligeance de m'expliquer ce que vous appelez la *complémentarité* ? demanda Alice.

— Bien sûr. J'appelle complémentarité le fait qu'il y a des quantités que vous ne pouvez pas connaître, pas en même temps en tout cas.

— Ce n'est pas le sens habituel du mot complémentarité, protesta Alice.

— Si, quand c'est moi qui l'utilise, répliqua le mécanicien quantique. Les mots ont le sens que je leur donne. Il s'agit juste de savoir qui commande. La complémentarité, c'est ce que je dis. Cela signifie qu'il y a des questions que l'on ne peut pas poser à propos d'une particule, comme de demander où elle se trouve et, en même temps, à quelle vitesse elle se déplace. En fait, cela n'a sans doute pas de sens de parler de la position exacte d'un électron.

En mécanique quantique, une particule se comporte comme une onde, et une onde comme une particule : ce sont des objets de même nature.

Les électrons et la lumière manifestent tous des effets d'interférence, mais quand on les détecte, on détecte des quanta individuels, observés en un seul endroit.

L'interférence entre les différents chemins que peut prendre une particule conduit à une distribution de probabilité avec des maxima et des minima prononcés, cette distribution marquant la plus ou moins grande probabilité qu'une particule soit détectée ici plutôt que là.

— Cela fait beaucoup de significations pour un seul mot ! dit Alice.

— C'est vrai, répondit le mécanicien quantique. Mais, quand j'impose autant de tâches à un mot, son salaire est en conséquence. J'ai bien peur de ne pas pouvoir réellement vous expliquer ce qui arrive aux électrons. Une explication n'a de sens, d'ordinaire, que si elle s'appuie sur des notions que vous connaissez déjà. Mais ce n'est pas possible avec la physique quantique, qui semble ne pas avoir de sens alors qu'elle "fonctionne" très bien. Il est probable que personne ne comprend vraiment la mécanique quantique, et je ne peux donc pas vous l'expliquer. Toutefois, je peux faire tout mon possible pour vous décrire ce qui se passe. Allons dans une autre pièce, et je ferai de mon mieux. »

☞ note 2 p. 84

Ils quittèrent le salon de pensée, dont le sol avait retrouvé son aspect scintillant, et parcoururent un corridor qui conduisait à une autre pièce meublée de fauteuils épars. Quand ils furent assis, le mécanicien quantique continua. « Quand nous évoquons une situation comme celle des électrons traversant les deux fentes, nous la décrivons en termes *d'amplitudes.* Celles-ci évoquent les ondes que vous avez vues à la surface de l'eau, et, d'ailleurs, on les appelle aussi fréquemment des *fonctions d'onde.* L'amplitude peut passer par les deux fentes, et elle n'est pas toujours positive comme le serait une probabilité. La plus faible probabilité possible est zéro, alors qu'une amplitude peut être positive ou négative ; aussi les parties venant de différents chemins peuvent-elles s'additionner ou se soustraire et donner ainsi lieu à des interférences, comme les ondes à la surface de l'eau.

— Bon, et où sont les particules ? Par quelle fente passent-elles ? demanda Alice.

— L'amplitude, en fait, ne nous dit rien là-dessus. En revanche, si vous calculez le *carré* de l'amplitude, en la multipliant par elle-même pour obtenir quelque chose qui soit toujours positif, vous obtiendrez une distribution de probabilité. Si vous choisissez une position quelconque, vous saurez ainsi quelle est la probabilité de trouver la particule à cet endroit, si vous souhaitez l'observer.

— C'est tout ce qu'elle peut vous apprendre ? s'insurgea Alice. Cela me paraît franchement insuffisant. Vous n'êtes pas près de savoir avec certitude où trouver votre particule.

— Oui, c'est assez vrai. Pour une particule unique, vous ne pourrez pas dire où elle se trouve, sauf, bien sûr, qu'elle ne peut pas se trouver aux endroits de probabilité nulle. Mais pour un grand nombre de particules, vous pouvez être assurée d'en trouver beaucoup aux endroits de probabilité élevée et peu aux endroits de faible probabilité. Si vous en avez un très grand nombre, alors vous pourrez dire très précisément combien vont arriver à chaque endroit. C'était le cas pour les maçons dont vous nous avez parlé. Ils savaient ce qu'ils allaient obtenir parce qu'ils employaient un très grand nombre de briques. Pour de très grands nombres, la fiabilité est excellente.

☞ note 3 p. 85

— Et il n'y a aucun moyen de savoir ce que fait une particule si on ne l'observe pas ? demanda Alice par acquit de conscience.

— Non, aucun moyen. Si l'emplacement de l'objet que vous observez en pratique peut résulter de différentes possibilités, vous avez une amplitude pour chacune d'elles et l'amplitude d'ensemble en est la somme. Vous avez une *superposition d'états.* D'une certaine façon, la particule fait toutes les actions qu'elle a la possibilité de faire. Ce n'est pas seulement dû au fait que vous, vous ne savez pas ce que fait la particule : l'effet d'interférence montre bien que toutes les possibilités sont vraiment là et qu'elles s'affectent les unes les autres. En ce sens, elles sont toutes aussi réelles les unes que les autres. Tout ce qui n'est pas interdit est obligatoire.

— Oui, j'ai vu ces mots sur une affiche à la banque. Cela semblait très sérieux.

— Évidemment, c'était sérieux ! C'est une des règles essentielles, ici. Quand plusieurs choses peuvent arriver, elles arrivent toutes. Regardez le chat, par exemple.

— Quel chat ? demanda Alice, regardant autour d'elle avec embarras.

— Mais le chat de Schrödinger, là-bas. Il nous l'a laissé pour que nous en prenions soin. »

Alice regarda dans la direction indiquée et vit un gros chat tigré qui dormait dans un panier. Comme si le fait d'entendre son nom l'avait réveillé, le chat se redressa et s'étira. Ou plutôt, il se redressa sans se redresser. Alice vit une silhouette de chat légèrement floue arquer son dos, tandis qu'une autre silhouette d'un chat identique restait couchée au fond du panier. Elle avait l'air très raide et sa position n'était guère naturelle. À la voir, Alice aurait juré que le chat était mort.

« Schrödinger avait conçu une expérience de pensée au cours de laquelle un infortuné chat était enfermé dans une boîte avec un flacon de gaz toxique et un mécanisme qui devait briser le flacon si un atome radioactif se désintégrait. Une telle désintégration est indiscutablement un processus quantique, et l'atome

pouvait ou non se désintégrer. Par conséquent, selon les règles de la mécanique quantique, nous aurions dû obtenir une superposition d'états, les uns dans lesquels la désintégration s'était produite, et les autres dans lesquels elle n'avait pas eu lieu. Bien entendu, dans les états où la désintégration avait eu lieu le chat était tué, et cela aurait dû donner lieu, par conséquent, à une superposition d'états pour le chat, les uns avec un chat vivant et les autres avec un chat mort. À l'ouverture de la boîte, quelqu'un aurait observé le chat et, dès lors, le chat aurait été soit vivant, soit mort. Schrödinger posait la question de savoir dans quel état se trouvait le chat juste *avant* l'ouverture de la boîte.

— Et comment était le chat quand la boîte a été ouverte ? demanda Alice.

— Eh bien, en fait, tout le monde était tellement pris par la discussion que personne n'a ouvert la boîte, et le chat y est resté, comme vous le voyez. »

Alice regarda le panier avec plus d'attention. Un des aspects du chat était en train de faire sa toilette

avec animation. « Il me semble tout à fait vivant », observa Alice. Elle avait à peine prononcé ces paroles que le chat cessa d'être flou, et que la version morte disparut. Avec un ronronnement de satisfaction, le chat bondit de son panier pour traquer une souris qui venait de sortir du mur. Alice s'aperçut qu'il n'y avait pas de trou de souris visible, la souris semblant sortir d'un mur plein. Le mécanicien quantique suivit la direction de son regard.

« Ah oui ! C'est un exemple de traversée de barrière, cela arrive tout le temps, ici. Face à une région où il est totalement impossible à une particule de pénétrer selon la mécanique classique, l'amplitude n'est pas instantanément abolie à la frontière, mais diminue seulement très rapidement en pénétrant la région. Si la région n'est pas très profonde, il reste encore un peu d'amplitude à la sortie de l'autre côté, et cela donne une faible probabilité que la particule y réapparaisse, donnant l'impression qu'elle a traversé une insurmontable barrière en y ayant foré un "tunnel". Cela arrive souvent. »

Alice avait longuement réfléchi à ce qu'elle avait vu, et elle avait remarqué une difficulté. « Comment a-t-il été possible que j'effectue une observation et que je détermine ainsi l'état du chat, alors qu'il n'a pas été capable de le faire de lui-même ? Qu'est-ce qui détermine qu'une observation est effectivement en cours, et qui est capable d'en réaliser une ?

— Voilà une très bonne question, répondit le mécanicien quantique, mais nous ne sommes que des mécaniciens après tout, et nous ne nous posons pas trop ce genre de questions. Nous faisons simplement notre travail et nous utilisons ce qui, par expérience, fonctionne bien en pratique. Si vous voulez rencontrer quelqu'un avec qui discuter du problème de la *mesure,* vous devrez vous tourner vers les lettrés. Je vous conseille de vous inscrire à un cours de l'école de Copenhague.

— Et comment puis-je y aller ? demanda Alice, se résignant à un nouvel interlocuteur. Pour toute réponse, le mécanicien quantique l'emmena dans le corridor et ouvrit une nouvelle porte. Celle-ci ne donnait pas sur l'allée par laquelle elle était arrivée, mais sur un bois.

Notes

1. La mécanique quantique est souvent opposée à la mécanique classique ou newtonienne. Celle-ci correspond à la description des objets en mouvement développée avant les premières années du XXe siècle et fondée sur les travaux originaux de Galilée, Newton et bien d'autres. La mécanique newtonienne s'applique très bien aux grandes échelles : le mouvement des planètes peut être prédit avec une grande précision sur une longue durée. Elle expose presque aussi bien le mouvement des satellites artificiels et des sondes spatiales, dont la position peut être calculée des années à l'avance. Elle décrit aussi fort bien la chute des pommes, pour laquelle la résistance

de l'air est importante : la mécanique classique attribue cette résistance à la collision d'un très grand nombre de molécules d'air qui rebondissent sur la pomme.
Pour ce qui concerne les molécules, la mécanique classique les définit comme de petits groupes d'atomes, mais elle garde un silence embarrassé sur les atomes. En effet, elle n'a rencontré quasiment aucun succès dans sa description de la nature du monde à l'échelle atomique. Les petits objets semblent, en l'occurrence, se comporter différemment des grands.
Cependant, une question s'impose immédiatement : petits ou grands par rapport à quoi ? Il doit exister une dimension, une constante fondamentale qui fixe l'échelle au-dessous de laquelle ce comportement différent se manifeste. Ce changement net dans le comportement des objets est en effet universel. La lumière émise par les atomes du Soleil a un spectre identique à celui des lampes terrestres.
Le domaine du comportement quantique, loin d'être un phénomène local, implique une propriété fondamentale de la nature. Celle-ci est donnée par la constante universelle $\hbar$ que l'on retrouve dans la plupart des équations de la mécanique quantique. En quelque sorte, le monde est granuleux à l'échelle définie par $\hbar$: à cette échelle, l'énergie et le temps, la position et l'impulsion se mêlent. Il est à peine besoin de préciser que $\hbar$ est beaucoup plus petit que l'échelle de perception humaine et que la plupart des effets quantiques ne sont pas immédiatement apparents pour nous.

2. Les relations d'incertitude de Heisenberg montrent en fait que nous regardons les choses dans le mauvais sens. Nous avons le préjugé selon lequel nous devons pouvoir mesurer simultanément la position et l'impulsion d'une particule, mais nous découvrons que c'est impossible. Il n'est pas dans la nature des particules de nous permettre d'effectuer de telles mesures sur elles, et la théorie nous dit que nous posons de mauvaises questions, en fait, des questions qui n'ont pas de réponse valide. Niels Bohr utilisait le mot de *complémentarité* pour exprimer le fait qu'il existe des concepts qui ne peuvent être simultanément définis avec précision, tels ces couples de concepts que sont la justice et la légalité, ou l'émotion et la rationalité.

Il semble qu'il y ait quelque chose de fondamentalement erroné dans notre croyance que nous devrions pouvoir parler de la position *et* de l'impulsion d'une particule, ou de son énergie exacte *à* un instant précis.

3. La mécanique quantique ne traite pas vraiment de particules définies au sens classique et traditionnel, mais plutôt d'états et d'amplitudes. Si vous prenez le carré d'une amplitude en la multipliant par elle-même, vous obtenez une distribution de probabilité qui vous donne la probabilité d'obtenir les différents résultats possibles lors d'une observation ou d'une mesure. Il est impossible de prévoir laquelle des valeurs possibles sera obtenue lors de la mesure.

La suggestion avancée précédemment que la nature est incertaine serait-elle exacte, en fin de compte ? Eh bien non, en fait. Si vous effectuez plusieurs mesures, le résultat *moyen* est précis et prévisible. Les bureaux du P.M.U. ne savent pas quels chevaux vont gagner les courses, mais ils s'attendent à gagner de l'argent au terme de leur journée. Ils ne s'attendent pas à subir de grosses pertes, bien qu'ils travaillent sur des petits nombres où les moyennes ne sont pas très stables. Il n'y a que quelques milliers de parieurs, tandis que le moindre grain de sable contient des milliards d'atomes. Les fluctuations statistiques auxquelles on peut s'attendre quant au résultat de mesures effectuées sur un tel nombre d'atomes sont négligeables, même si le résultat pour un atome individuel peut être complètement aléatoire.

Les amplitudes en mécanique quantique peuvent être calculées avec une très grande précision et comparées aux expériences. On cite souvent le cas du moment magnétique de l'électron. Les électrons tournent comme de petites toupies et possèdent des propriétés électriques et magnétiques : ils se comportent comme de petits barreaux aimantés. Leur intensité magnétique est ainsi reliée à leur spin, et le rapport peut être calculé et mesuré.
Le calcul classique donne pour résultat un rapport 1, dans les unités appropriées, moyennant des hypothèses quelque peu arbitraires sur la distribution de charge électrique à l'intérieur de l'électron.
Le calcul quantique donne pour résultat :
2,0023193048 ± 0,0000000008.
La mesure donne :
2,0023193048 ± 0,0000000004
C'est ce qu'on peut appeler un bon accord ! La probabilité d'obtenir par hasard des valeurs aussi proches est du même ordre de grandeur que de lancer une fléchette au hasard et d'atteindre le centre de la cible, quand la cible est sur la Lune.
Ce résultat particulier est souvent cité comme exemple du succès de la théorie quantique. Il est possible de calculer bien d'autres amplitudes pour d'autres processus avec la même précision, mais il y a très peu de quantités que l'on puisse *mesurer* avec une telle précision.

Chapitre quatrième

L'école de Copenhague

Alice pénétra dans le bois et suivit un chemin qui serpentait au milieu des arbres. Elle arriva à un embranchement, marqué par un poteau indicateur. Il ne fut pas d'une grande utilité à Alice, car une flèche vers la droite indiquait « A », sans rien d'autre, tandis qu'une flèche vers la gauche indiquait « B ». « Je le déclare haut et fort, s'exclama Alice, que je n'ai jamais vu panneau indicateur plus inutile. » Elle regardait autour d'elle pour trouver quelque indice sur les directions de ces chemins, quand elle sursauta : le chat de Schrödinger se tenait sur une branche basse à quelques mètres d'elle.

« Oh, monsieur le chat, commença-t-elle timidement. Pourriez-vous m'indiquer la direction que je dois prendre maintenant ?

— Cela dépend beaucoup de l'endroit où vous voulez aller, répondit le chat.

— Je n'en suis pas très sûre…, commença Alice.

— Alors, la direction n'a aucune importance ! coupa le chat.

— Mais je dois quand même choisir entre les deux chemins, dit Alice.

— Voilà votre tort, philosopha le chat. Vous n'avez pas à décider, vous pouvez prendre tous les chemins. Vous auriez dû comprendre cela depuis longtemps. Moi, je fais souvent neuf choses différentes en même temps. Les chats peuvent rôder un peu partout, quand on ne les observe pas. À propos d'observations, dit-il précipitamment, je crois que je suis sur le point d'être obs… » Le chat s'effaça brusquement.

A
B

« Quel chat étrange, pensa Alice, et quelle étrange suggestion. Il devait faire allusion à cette superposition d'états dont parlait le mécanicien quantique. Il doit s'agir d'une situation analogue à celle que j'ai rencontrée en quittant la banque. Cette fois-là, j'avais pris – je ne sais comment – plusieurs directions en même temps, aussi je présume que je n'ai qu'à essayer de recommencer. »

****

État : Alice (A1)

Alice tourna à droite et continua le chemin sinueux en regardant les arbres. Un peu plus loin, elle rencontra une nouvelle bifurcation. Le panneau indicateur marquait cette fois « 1 » d'un côté et « 2 » de l'autre. Alice tourna encore à droite et continua son chemin.

Peu à peu, les arbres se clairsemèrent et elle se retrouva sur un sentier raide et caillouteux, de plus en plus abrupt, qui, finalement, gravissait le flanc d'une montagne isolée. Le sentier s'accrochait au bord d'un précipice vertigineux, puis aboutissait à un balcon herbeux entouré de falaises verticales. Une caverne dans la falaise lui faisait face et un passage s'ouvrait vers le bas.

Il était très sombre, mais Alice le descendit en rampant, à sa grande surprise. Le sol et les parois étaient lisses, et le passage descendait en pente douce vers une faible lueur, visible dans le lointain. La lumière devenait de plus en plus brillante, de plus en plus rouge, et le tunnel de plus en plus chaud. Des volutes de vapeur flottaient autour d'elle, et elle entendait une sorte de ronflement comme si un gros animal dormait en bas.

Au bout du tunnel, Alice émergea dans une grande salle dont on distinguait à grand-peine les vastes dimensions. À ses pieds, un énorme dragon rouge et or, profondément endormi, enroulé dans sa longue queue, diffusait une lumière éclatante. Il était couché sur un amoncellement d'or et d'argent, de joyaux et de pièces d'orfèvrerie, éclairés par la lumière rougeoyante.

****

État : Alice (A2)

Alice tourna à droite et continua le chemin sinueux en regardant les arbres. Un peu plus loin, elle rencontra une nouvelle bifurcation. Le panneau indicateur marquait cette fois « 1 » d'un côté et « 2 » de l'autre. Alice tourna cette fois à gauche et continua son chemin.

Au fur et à mesure qu'elle avançait, elle remarqua que le chemin, de sentier forestier se transformait en une route étroite pavée de briques jaunes. Elle la suivit à travers les arbres jusqu'à ce qu'elle débouche dans une vaste prairie. Celle-ci s'étendait à perte de vue de chaque côté, et l'herbe était parsemée de coquelicots éclatants. La route de briques jaunes traversait la prairie et conduisait aux portes d'une ville dans le lointain. D'où elle se tenait, Alice voyait que les hauts murs de la cité étaient d'un vert brillant et que les portes étaient incrustées d'émeraudes.

****

État : Alice (B1)

Alice tourna à gauche et continua le chemin sinueux. Il n'y avait rien de très intéressant à regarder. Après un tournant, elle arriva à une nouvelle bifurcation. Le panneau indicateur marquait cette fois « 1 » d'un côté et « 2 » de l'autre. Alice tourna à droite et continua son chemin.

Le sous-bois devint plus épais et il s'avérait difficile de distinguer quoi que ce soit à plus de quelques pas. Le sentier lui-même restait clairement tracé et serpentait entre les taillis. Au détour du chemin, Alice déboucha dans une clairière au centre de laquelle se dressait un modeste bâtiment aux toits très pentus, flanqué d'un petit beffroi. Une inscription était gravée sur le linteau de la porte : « École de Copenhague ».

« Ce doit être l'endroit où l'on m'a conseillé d'aller, se dit Alice. Je n'ai pourtant pas très envie d'aller à l'école ! J'ai déjà passé bien assez de temps en classe ! Mais peut-être les écoles ici sont-elles très différentes de celles que je connais. Allons voir ! » Elle entra sans frapper.

****

État : Alice (B2)

Alice tourna à gauche et continua le chemin sinueux. Il n'y avait rien de très intéressant à regarder. Après un tournant, elle arriva à une nouvelle bifurcation. Le panneau indicateur marquait cette fois « 1 » d'un côté et « 2 » de l'autre. Alice tourna à gauche et continua son chemin.

Un peu plus loin, le sentier se mit à grimper à flanc de colline. Alice le gravit et, arrivée au sommet, resta quelques minutes à observer le paysage (qui s'étendait autour d'elle). C'était une contrée bien étrange. De nombreux ruisseaux la traversaient de part en part, et le terrain entre les ruisseaux était coupé de haies, délimitant des parcelles carrées.

« C'est étonnant, on dirait un immense échiquier », finit par dire Alice.

« Entrez, ma chère », dit une voix douce, et Alice réalisa qu'on l'observait. Elle franchit la porte et regarda autour d'elle. C'était une vaste salle de classe éclairée par de hautes fenêtres de tous côtés. Des rangées de bureaux occupaient le centre de la pièce, un tableau noir se dressait à une extrémité et une grande table était placée devant. Le Maître se tenait là.

« Cela ressemble beaucoup à une salle de classe normale », dut admettre Alice en observant les élèves. Elle constata que ce n'étaient pas des enfants qui étaient assis sur les bancs mais le plus extraordinaire échantillon d'êtres possible, rassemblés sur les premiers rangs. Elle vit une sirène aux longs cheveux ondulés et à la queue écailleuse, un soldat en uniforme qui, en y regardant à deux fois, semblait de fer-blanc, une petite fille en haillons avec un éventaire plein de boîtes d'allumettes, un très vilain petit canard et un homme au regard hautain et d'une dignité tout impériale qui, pour quelque raison obscure, ne portait que des sous-vêtements.

Peut-être s'agissait-il d'une illusion ? Alice se le demandait car, en y regardant de plus près, il lui sembla apercevoir par instants un costume d'épais velours pourpre, recouvert d'un riche manteau brodé. Mais en regardant de nouveau, elle ne voyait plus qu'un homme replet en sous-vêtements.

« Eh bien, ma chère, dit le Maître, qui ressemblait à un bon grand-père aux épais sourcils, êtes-vous venue vous joindre à notre discussion ?

— Je n'ai aucune idée de la façon dont je suis parvenue ici, dit Alice. Il y a juste un instant, j'avais l'impression de me trouver dans plusieurs endroits différents, et je ne sais pas très bien pourquoi je suis ici plutôt que dans l'un des autres lieux.

— C'est probablement parce que nous vous avons observée. Vous vous trouviez dans une superposition

d'états quantiques, mais dès que vous avez été observée ici, vous vous êtes retrouvée ici, naturellement. De toute évidence, vous n'avez été observée dans aucun autre endroit. »

— Mais que se serait-il passé si je l'avais été ? demanda Alice avec curiosité.

— Eh bien, votre superposition d'états se serait réduite à cette autre position. Vous ne seriez pas ici, mais vous seriez à l'endroit où vous auriez été observée, évidemment.

— Je ne comprends rien du tout, répliqua Alice, qui se sentait de nouveau complètement perdue. Quelle différence cela fait-il que je sois ou non observée ? Je dois nécessairement être quelque part, quelle que soit la personne qui me regarde.

— Pas du tout ! En effet, on ne peut décrire aucun système sans l'observer. Une foule de choses peuvent survenir, dont il n'est pas possible d'évaluer les probabilités, aussi longtemps que l'on n'observe pas ce qui se passe. Le système se trouve, en pratique, dans un mélange d'états correspondant à chacune des actions susceptibles de s'y dérouler, et cette situation dure jusqu'à ce que quelqu'un regarde ce qui se passe. À cet instant, une seule possibilité est sélectionnée et le système se retrouve ensuite dans cette situation précise.

— Et qu'arrive-t-il à toutes les autres situations possibles ? demanda Alice. Elles s'évanouissent tout simplement ?

— Exactement, dit le Maître en la regardant intensément. Vous avez mis le doigt dessus. Tous les autres états s'évanouissent purement et simplement. Le pays de ce qui pourrait être devient le pays de ce qui n'a jamais été. À cet instant, tous les autres états cessent d'avoir une quelconque réalité. Ils deviennent, si vous voulez, des rêves ou des fantaisies, et l'état observé devient le seul réel. Nous appelons cela la réduction des états quantiques. Vous serez bientôt familiarisée avec cette notion.

— Cela veut-il dire que vous pouvez choisir ce que vous allez voir quand vous regardez quelque chose ? demanda Alice, prise d'un doute intérieur.

— Oh non, vous n'avez aucune liberté de choix. Ce que vous pouvez voir est déterminé par les probabilités des différents états quantiques. Ce que vous voyez effectivement est une pure question de hasard. Vous n'avez nullement le choix de ce qui arrive, les probabilités quantiques ne donnent que les probabilités des différents résultats possibles, mais elles ne commandent pas ce qui arrive en fait. C'est le hasard seul qui intervient, et ce qui advient n'est fixé que lorsqu'une observation est accomplie. » Le Maître parlait d'un ton très grave, mais si doucement qu'Alice devait tendre l'oreille pour saisir tout ce qu'il disait.

« Effectuer une observation me paraît donc une action décisive, analysa Alice. Mais qui donc effectue ces observations ? De toute évidence, les électrons ne sont pas capables de s'observer eux-mêmes quand ils traversent les fentes d'une expérience d'interférences, puisqu'ils paraissent passer par les deux fentes à la fois. Je devrais plutôt dire que les amplitudes pour les deux fentes sont présentes, corrigea-t-elle en imitant les tournures de langage qu'elle avait si souvent entendues ces derniers temps. Apparemment, je ne me suis pas observée moi-même quand je me trouvais, il y a peu, dans une superposition d'états.

« En fait, continua Alice qu'une idée soudaine venait de frapper, si la mécanique quantique affirme que vous devez faire toutes les actions possibles, vous devez nécessairement observer *tous* les résultats possibles à l'issue de toute mesure que vous effectuez. Si votre principe de superposition a un sens dans toutes les situations, alors il est impossible d'effectuer la moindre mesure ! Toute mesure que vous effectuez peut avoir plusieurs résultats. Selon vos règles, vous pouvez observer n'importe lequel de ces résultats, mais,

L'interprétation « orthodoxe » de la mécanique quantique est appelée *interprétation de Copenhague* (ainsi nommée en l'honneur du physicien danois Niels Bohr, et non d'après Hans Christian Andersen).
Quand plusieurs destins différents sont possibles pour un système physique, une amplitude existe pour chacun d'eux et l'état du système dans son ensemble est décrit par la somme, ou superposition, de ces diférentes amplitudes.
Quand une observation est effectuée, elle trouve une valeur correspondant à l'une de ces amplitudes, et, de ce fait, les autres amplitudes s'effacent, par un processus que l'on appelle la *réduction des amplitudes.*

toujours selon vos règles, vous devez alors les observer tous. Tous les résultats possibles de votre mesure doivent être présents dans une nouvelle version de cette superposition d'états dont vous parlez. Vous ne pouvez jamais rien observer, ou plus exactement, *il ne peut rien y avoir que vous n'observiez pas* ! »

Alice reprit son souffle, totalement enflammée par cette idée neuve, et elle s'aperçut que tout le monde dans la classe la regardait intensément. Quand elle se tut, tous s'agitèrent, mal à l'aise.

« Oui, vous avez soulevé là un point très important, lui dit gentiment le Maître. Nous appelons cela le *problème de la mesure*, et c'est précisément le sujet dont nous débattions à l'instant. »

☞ note 1 p. 114

Le Maître poursuivit : « Il est important de garder en mémoire qu'il s'agit d'un vrai problème. La superposition d'amplitudes que nous décrivons pour des systèmes à un ou deux électrons existe forcément, puisque les amplitudes interfèrent, comme dans l'expérience que vous avez vue. C'est très différent d'une situation où l'électron serait dans un état précis, mais que, nous, nous ignorerions. Une pareille situation ne pourrait conduire à une interférence, aussi sommes-nous forcés de conclure que l'électron se trouve bien dans tous les états à la fois, du moins dans un certain sens. Je pense que demander ce que fait en réalité l'électron n'est pas une bonne question, dans la mesure où il est fondamentalement impossible de le savoir. Si vous tentez de le faire, vous altérez le système et vous examinez en fait quelque chose de différent.

Mais, comme vous le soulignez, nous nous heurtons à une difficulté. Les atomes et les systèmes contenant un petit nombre de particules font toujours tout ce qu'il leur est possible de faire et ne prennent jamais de décisions. Nous, en revanche, nous faisons toujours une chose ou une autre, et nous n'observons jamais plus d'un seul résultat de toute action. Chacun des élèves a préparé un bref exposé sur le problème de la mesure. Chacun va discuter du moment, s'il existe, où le comportement quantique dans lequel tous les états sont présents cesse d'exister et où les observations donnent un résultat unique. Vous pourriez vous asseoir et écouter leurs communications, si cela vous intéresse. » Alice considéra qu'il s'agissait là d'une occasion à saisir ; elle s'installa sur un banc et se mit à écouter, pleine d'espoir.

☞ note 2 p. 115

La voix calme du Maître apaisa le bourdonnement des élèves. « La première intervention, annonça-t-il, sera faite par l'Empereur. » Le notable replet en sous-vêtements raffinés qu'Alice avait remarqué en entrant dans la classe se leva et alla se placer en face des élèves.

La théorie de l'Empereur : l'esprit domine la matière

« Notre hypothèse, commença-t-il, portant un regard hautain autour de lui, est que tout se passe dans l'esprit. Les lois auxquelles obéissent les systèmes quantiques, la description des états physiques par des amplitudes et la superposition de ces amplitudes quand il existe plus d'une possibilité, toutes ces lois s'appliquent à tous les systèmes matériels de l'Univers. Nous disons bien à tous les systèmes matériels, insista-t-il, car Notre thèse est que cette superposition n'est pas ressentie par l'esprit conscient. Le comportement quantique gouverne le monde physique à tous les niveaux, et tout système purement matériel, qu'il soit grand ou petit, se trouvera toujours dans une combinaison d'états comportant une amplitude pour toute possibilité qui peut exister ou avoir existé. C'est uniquement lorsque la situation parvient à l'attention de la volonté souveraine d'un esprit conscient qu'un choix est effectué.

Car l'esprit est chose étrangère aux lois du monde quantique et, dans Notre cas, les domine. Nous n'avons aucune obligation de réaliser tout ce qui est réalisable mais, bien au contraire, Nous avons la liberté de choisir. C'est quand Nous observons une chose que cette chose alors est observée, qu'elle sait que Nous l'avons observée, que l'Univers sait que Nous l'avons observée, et qu'elle demeure immuablement par la suite dans la condition où Nous l'avons observée. C'est Notre acte même d'observation qui impose à l'Univers sa forme unique et définitive. Nous n'avons peut-être pas le choix de décider ce que Nous voyons, mais quel que soit ce que Nous observions, cela, à cet instant, devient l'unique réalité. »

Il fit une pause, et son regard impérieux parcourut à nouveau la salle. Alice était étrangement intimidée par son exposé autoritaire, en dépit de son singulier costume. « Par exemple, quand Nous contemplons Notre somptueuse tenue impériale, Nous observons que Nous sommes vêtu de manière exquise comme il se doit. » Il se pencha pour s'admirer, et il fut instantanément vêtu de riches vêtements de la tête aux pieds. Sa veste et son gilet étaient recouverts des broderies les plus fines et son manteau de velours était bordé d'hermine. « Il pourrait se concevoir que, lorsque Notre attention était détournée de Nos vêtements, ceux-ci se fussent révélés moins réels et tangibles qu'ils ne le sont maintenant. Mais s'il en avait été ainsi, maintenant que Nous les avons observés, ils apparaissent à tous de la meilleure coupe, comme ils sont en réalité. »

L'Empereur releva à nouveau la tête et regarda la classe. Alice fut étonnée de voir que, si son acte d'observation avait totalement établi la riche apparence de ses vêtements, dès qu'il regardait ailleurs, ceux-ci reprenaient leur aspect flou et ses sous-vêtements au monogramme artistique réapparaissaient.

« Telle est Notre thèse. Le monde matériel dans son ensemble est véritablement gouverné par les lois de la mécanique quantique, mais l'esprit humain est étranger au monde matériel et ne souffre pas des mêmes restrictions. Nous avons la capacité de voir les choses d'une unique façon. Nous ne pouvons choisir ce que Nous allons voir, mais ce que Nous voyons devient la réalité du monde, au moins pendant la durée de Notre observation. Quand Nous avons achevé Nos observations, le monde peut bien sûr retomber dans le mélange d'états qui lui est habituel. »

Il s'interrompit et regarda autour de lui d'un air satisfait. « Nous vous remercions de cet intéressant exposé, dit le Maître. C'était réellement passionnant. Quelqu'un a-t-il une question ? »

Alice se rendit compte qu'elle en avait une, sans doute l'atmosphère de l'école l'influençait-elle. Elle leva la main.

« Oui, dit le Maître en la désignant, quelle question souhaitez-vous poser ?

— Il y a un point que je ne comprends pas », dit Alice. Ce n'était pas la stricte vérité, car il y avait beaucoup de points qu'elle ne comprenait pas et leur nombre augmentait à un rythme inquiétant. Cependant, il y avait un point précis qu'elle voulait soulever.

« Vous dites que le monde se trouve habituellement dans cette étrange superposition d'états différents, mais qu'il se réduit à un seul quand vous, en tant qu'esprit conscient, vous le regardez. Je présume que toute personne a la faculté de rendre le monde réel de cette manière, alors que se passe-t-il avec les esprits des *autres* personnes ?

— Nous n'avons pas l'heur de comprendre ce que vous voulez dire, répliqua l'Empereur d'un ton péremptoire, mais le Maître intervint.

— Peut-être pourrais-je élargir la question de cette jeune demoiselle. Nous parlions tout à l'heure des électrons traversant les deux fentes. Supposons que je prenne une photo montrant un électron en train de traverser l'une des fentes. Si je vous ai bien compris, puisque la photo peut montrer quelle fente a traversé l'électron, elle devrait le montrer traversant les deux. En effet, la photo – ne possédant pas de conscience – est incapable de réduire la fonction d'onde et doit montrer une superposition des deux images.

Supposons, maintenant, que j'effectue plusieurs tirages de cette photo, sans bien sûr les regarder. Diriez-vous que chaque tirage montrerait aussi une superposition des deux images, chaque image montrant l'électron traversant l'une des deux fentes ?

— Oui, répondit prudemment l'Empereur, Nous pensons que telle serait la situation.

— S'il en est ainsi et que les tirages sont envoyés à des personnes différentes, la première à ouvrir son enveloppe et à regarder son tirage imposerait donc à l'une des deux images de devenir réelle et à l'autre de disparaître ? »

L'Empereur acquiesça de nouveau, timidement.

« Mais en ce cas, les tirages reçus par les autres personnes devraient – eux aussi – se réduire à la même image, même s'ils se trouvent dans des villes distantes. Nous savons, en effet, par expérience, que les différents tirages du même cliché montrent la même image que l'original. Si la première personne à regarder une copie entraînait, de ce fait, une des possibilités à devenir réelle, il faudrait que cet acte affecte toutes les autres copies pour qu'elles s'accordent ensuite avec la première. Donc, la personne qui regarderait une copie dans une ville entraînerait toutes les autres copies partout dans le monde à changer pour montrer la même image. Ce serait une course étonnante : la première personne à ouvrir son enveloppe déterminerait les images de tous les tirages reçus par les autres personnes, avant même qu'elles n'ouvrent leurs enveloppes. Je pense que c'est ce que voulait dire la jeune demoiselle, conclut-il.

— Naturellement, cette considération ne présente aucun problème dans Notre cas, répondit l'Empereur, puisque personne n'aurait l'audace de regarder une telle photo avant que Nous l'ayons d'abord examinée. Néanmoins, Nous voyons comment une telle situation pourrait se présenter aux membres des classes inférieures, et, en ce cas, la conjoncture serait bien telle que vous la décrivez. »

Alice fut tellement surprise de voir accepter cet argument en apparence ridicule qu'elle ne remarqua pas que l'Empereur était retourné à son banc et que la Petite Sirène s'était avancée. N'ayant pas de jambes, elle ne pouvait se tenir debout devant la classe, aussi s'assit-elle sur le bureau du Maître, ramenant sa queue devant elle. L'attention d'Alice revint à ce qui était dit quand elle prit la parole.

La théorie de la Petite Sirène : les mondes multiples

« Comme vous le savez, commença-t-elle d'une voix fluide et musicale, je suis une créature de deux mondes. Je vis dans la mer et suis également chez moi sur la terre. Mais ce n'est rien en comparaison du nombre de mondes que nous habitons tous, car nous sommes tous citoyens de beaucoup de mondes – beaucoup, beaucoup de mondes.

L'orateur précédent nous a dit que les règles quantiques s'appliquaient au monde entier à l'exception des esprits des gens qui y vivent. Je soutiens qu'elles s'appliquent au monde entier, intégralement. Il n'existe aucune limite à l'idée de la superposition des états. Quand un observateur perçoit une superposition d'états quantiques, il faut s'attendre à ce qu'il constate tous les effets liés aux états présents, et c'est effectivement ce qui se produit. L'observateur perçoit tous les résultats possibles ou, plus exactement, l'observateur se retrouve lui-même dans une superposition d'états différents, états dans chacun desquels il a détecté le résultat correspondant à l'un des états possibles du système observé. Chacun de ces états initiaux est alors étendu pour y intégrer l'état de l'observateur en train de détecter cet état particulier du système.

Nous ne ressentons pas les choses de cette façon tout simplement parce que les différents états de l'observateur n'ont pas mutuellement conscience de leur existence respective. Quand un électron traverse un écran percé de deux fentes, il peut passer par l'une ou par l'autre. Vous observez l'une ou l'autre situation de manière purement aléatoire. Vous avez peut-être vu passer l'électron par la gauche, mais il existe un autre vous-même qui l'a vu passer par la droite. À l'instant où vous observez l'électron, vos deux versions se séparent, une pour chaque résultat. Si ces deux versions ne se réunissent plus, aucune n'a conscience de l'existence de l'autre. Le monde s'est séparé en deux mondes, chacun contenant une version légèrement différente. Bien entendu, dans chacun de ces mondes, vous allez raconter votre version des faits à d'autres personnes, et vous allez ainsi induire des versions différentes de ces personnes. L'Univers entier est ainsi dupliqué. Deux versions de l'Univers sont produites par cette observation simple, mais certaines observations plus complexes peuvent engendrer un nombre de versions beaucoup plus élevé.

— Mais cela devrait arriver très souvent, ne put s'empêcher d'intervenir Alice en coupant le flot du discours de la Petite Sirène.

— Cela arrive constamment, répondit tranquillement la Petite Sirène. Chaque fois qu'une mesure peut conduire à des résultats différents, toutes ces possibilités sont effectivement observées et le monde se sépare en un nombre approprié de versions. Les mondes ainsi séparés restent en général distincts et divergent sans jamais avoir notion de l'existence des autres, mais il arrive parfois qu'ils se rejoignent et donnent alors lieu à des effets d'interférence. C'est la présence de ces effets d'interférence entre états différents qui montre qu'ils peuvent coexister et qu'ils coexistent vraiment. »

La Petite Sirène se tut et se mit à peigner les innombrables mèches de ses longs cheveux en les laissant retomber, les unes à côté des autres mais totalement séparées, sur ses épaules.

« Mais cela impliquerait un nombre effarant d'Univers, aussi nombreux que les grains de sable sur toutes les plages de la terre, protesta Alice.

— Oh, il y en a beaucoup plus que cela, infiniment plus ! rétorqua la Petite Sirène d'un ton sans réplique. Bien plus, bien plus…, continua-t-elle rêveuse, bien…

— Cette théorie, coupa le Maître, a l'avantage d'être très économique quant à ses hypothèses de départ, mais particulièrement prodigue en Univers ! »

Il appela ensuite l'orateur suivant. C'était le Vilain Petit Canard, qui dut grimper sur le bureau du Maître pour être visible de tous.

La théorie du Vilain Petit Canard (c'est trop compliqué)

Le Vilain Petit Canard commença son discours, et Alice remarqua que non seulement il était fort laid mais que, de plus, il avait très mauvais caractère. Son homélie était à ce point émaillée de couacs et de @#%$§ qu'il était bien difficile de comprendre ce qu'il disait. Dans la mesure où elle saisissait le sens de ses paroles, Alice crut comprendre qu'il soutenait qu'une superposition d'états n'était possible que pour des systèmes de petite taille ne contenant que quelques électrons ou atomes. Il disait que seule l'existence d'interférences rendait nécessaire de parler de superposition d'états, attendu qu'un état unique n'aurait rien avec quoi interférer.

Il soutenait ensuite que personne n'avait jamais décelé d'interférences dans un système complexe formé de nombreuses particules. Mais, comme les interférences sont détectées dans des systèmes simples de quelques particules et que la superposition d'états y est donc possible, les gens imaginent qu'il doit en être de même pour les systèmes complexes, un canard par exemple. Qu'il soit @#%$§ déshonoré s'il croyait pareille ineptie.

Un canard contient un grand nombre de @#%$§ d'atomes, poursuivit-il et pour que des états superposés interfèrent, tous les atomes dans chacun de leurs états possibles devraient se combiner avec les atomes appropriés dans l'état correspondant. Il y a tant d'atomes que c'est @#%$§ hautement improbable. Les effets se compenseraient en moyenne, et aucun résultat net n'émergerait. Dans ces conditions, demandait-il, comment pouvait-on être @#%$§ sûr que les canards soient dans une superposition d'états ? Répondez à cela, si vous êtes si @#%$§ intelligents. Toute cette histoire de superposition d'états est sans doute @#%$§ belle et bonne pour quelques particules à la fois, mais elle se tarit bien avant d'en arriver aux canards.

Il continua en disant qu'il savait fort bien quand il voyait une @#%$§ chose et quand il ne la @#%$§ voyait pas. Il savait bien, quant à lui, qu'il ne se trouvait pas dans une @#%$§ superposition d'états, il ne se trouvait que dans un seul état, pas de chance. *Ergo*, quand il changeait, continua-t-il avec obstination, il passait tout bonnement d'un état bien défini à un autre. Le changement était irréversible, et il n'était pas question de revenir en arrière et de se combiner avec d'autres états. Rien ne pourrait jamais @#%$§ interférer avec lui, conclut-il. À ce point, les couacs et les bredouillis devinrent si précipités qu'Alice ne fut guère surprise de voir sa colère monter au point qu'il finit par tomber de la table et disparaître.

Il y eut une pause marquée par un moment de silence. Puis un long cou gracile émergea, suivi d'un corps d'un blanc immaculé. C'était un cygne. « Comme vous êtes beau, s'exclama Alice, puis-je vous caresser ? »

Le cygne siffla furieusement dans sa direction et battit des ailes, menaçant. Alice conclut que le changement avait peut-être été irréversible, mais que son caractère ne s'était pas amélioré.

Il y eut alors un remue-ménage au fond de la classe, et Alice entendit une voix crier : « Arrêtez ces petits jeux, vous avez tous tort ! » Elle regarda dans cette direction et reconnut la haute silhouette qui s'avançait avec colère entre les bancs. C'était le mécanicien classique. Il avait beaucoup de mal à se frayer un chemin à cause du billard électrique qu'il traînait derrière lui, un modèle ressemblant à ceux qu'Alice avait vus dans certains cafés (sans doute n'y en a-t-il plus dans les bars désormais, mais de toute façon, Alice était trop jeune pour fréquenter ces lieux).

Le mécanicien classique (des rouages dans les rouages)

Le mécanicien classique vint installer sa machine sur le bureau du Maître. Elle portait une plaque gravée « Intercepteur d'électrons », et elle se composait d'un plateau incliné avec deux fentes en haut, à travers lesquelles on pouvait envoyer des particules, et d'une rangée de poches alignées en bas et marquées alternativement « Gagné » et « Perdu ». La surface du plateau était décorée de façon extravagante, mais ne présentait aucun des obstacles ou *flippers* qu'Alice avait pu voir sur d'autres billards électriques.

« Vous vous leurrez tous, commença le mécanicien classique avec une grande assurance. J'ai examiné ce

dispositif avec la plus grande attention. Il s'agit pour l'essentiel d'une expérience classique d'interférence à deux fentes, et je pense avoir compris ce qui se passe en réalité. »

Alice constata que, hormis sa décoration délirante, ce dispositif présentait effectivement une version miniature de l'expérience à laquelle elle avait assisté dans le *salon de pensée* des mécaniciens. Le mécanicien classique en fit rapidement la démonstration en lançant un flot d'électrons à travers les deux fentes. Du moins Alice supposa-t-elle qu'ils étaient passés par les fentes puisque c'était le seul passage, mais elle ne pouvait voir clairement les électrons avant leur arrivée au bas du plateau. Comme elle en avait désormais pris l'habitude, elle vit les électrons se regrouper en piles séparées par des intervalles où très peu d'électrons étaient détectés. Alice remarqua que les piles correspondaient étroitement aux poches marquées « Gagné ».

« Vous pouvez constater la présence de l'interférence, et vous allez soutenir que cela prouve que les électrons sont, d'une certaine façon, passés par les deux fentes à la fois, de sorte que la combinaison des amplitudes correspondant à chaque fente produise la figure d'interférence que nous voyons. Je vous affirme maintenant que chaque électron est en fait passé par une seule fente, de manière parfaitement rationnelle. L'interférence est due à des *variables cachées.* »

Alice eut un peu de mal à suivre exactement ce qui se passa alors. Il lui sembla que le mécanicien classique retirait du plateau une sorte de housse qu'elle n'avait pas remarquée jusque-là. Quoi qu'il en soit, il vit que le plateau était maintenant creusé de profonds sillons s'écartant des deux fentes. « Et voilà ! Les variables cachées ! s'exclama le mécanicien.

— Elles ne sont guère cachées ! nota Alice, critique, en regardant la surface complexe maintenant révélée.

— Ma thèse, commença le mécanicien, ignorant ostensiblement l'interruption d'Alice, est que les électrons, tout comme les autres particules, se comportent de manière absolument rationnelle, et même parfaitement classique, à l'image des particules que je rencontre dans le monde classique. La seule différence, ici, est que les particules ne sont pas seulement soumises aux forces habituelles, mais également à une force quantique particulière, que j'appellerai l'*onde pilote*. C'est elle qui cause les étranges effets que vous attribuez à une interférence. Lors de ma démonstration, chaque électron ne passe en réalité que par l'une des deux fentes, puis se déplace sur le tableau d'une manière respectable et prévisible. Le caractère aléatoire ne vient que des directions et des vitesses que possèdent, au départ, les électrons. Quand ils rencontrent les sillons que vous voyez là, ce potentiel quantique les défléchit comme une roue de bicyclette prise dans un rail de tramway, et la majorité des électrons termine dans l'une des piles . Voilà l'origine de votre prétendu effet d'interférence.

— Eh bien, dit le Maître, votre théorie me paraît très intéressante, extrêmement intéressante dirais-je même. Cependant, si je puis me permettre, il me semble que vous avez résolu les difficultés que vous causait le comportement des électrons au prix d'un comportement des plus bizarres de votre *onde pilote*.

« Pour que votre onde pilote provoque les effets que nous attribuons à des interférences, elle doit en effet être affectée par des événements qui ont lieu en des lieux très divers. Si une troisième fente s'ouvrait dans votre dispositif, l'onde pilote sur les particules devrait changer, bien qu'aucune particule ne soit passée par cette fente. C'est indispensable, puisque la figure d'interférence est différente pour trois fentes au lieu de deux, et que votre force doit reproduire cet effet. De plus, votre onde pilote, ou votre réseau de forces quantiques, doit être très complexe. Dans votre théorie, il n'existe rien d'analogue à la réduction de la fonction d'onde décrite par la théorie quantique habituelle, et votre onde pilote doit, par conséquent, être influencée par tous les événements qui auraient pu se produire dans le passé. Cela évoque la théorie des mondes multiples que nous a présentée la Petite Sirène. Selon votre théorie, ce qui est observé dépend de la manière dont se déplacent les particules quand elles sont affectées par l'onde pilote qui conserve l'information de tous les événements possibles, sans exception. Cette onde pilote est donc extrêmement complexe, analogue à la somme de tous les mondes dans la théorie des mondes multiples, même si, la plupart du temps, elle n'influe pratiquement pas sur les particules.

« L'onde pilote de votre théorie gouverne le comportement des particules, mais le mouvement concret de ces particules n'a aucune influence sur elle : elle dépend uniquement des mouvements qu'elles *auraient pu* accomplir. Aucune symétrie d'action et de réaction n'existe donc entre les particules et l'onde pilote. Cela devrait inquiéter un mécanicien classique tel que vous.

Il existe de nombreuses « réponses » à la question de la mesure en mécanique quantique, mais aucune n'est universellement acceptée.
En pratique, la mécanique quantique est généralement utilisée pour calculer les amplitudes et les différentes probabilités pour un système physique, calculs dont on se sert ensuite pour prévoir le comportement d'un grand nombre de systèmes atomiques simples, sans trop se préoccuper de ce qui se passe pour un système unique.
Les prédictions moyennes pour cet ensemble de systèmes sont comparées aux résultats, sans trop se préoccuper non plus de la façon dont les mesures ont été exécutées.
La réponse concrète au problème de la mesure est : « Ferme les yeux et calcule. » L'interprétation de la mécanique quantique est sans doute délicate, mais on ne saurait nier sa réelle efficacité.

Vous ne voulez pas contrevenir à la loi de Newton qui stipule l'égalité de l'action et de la réaction, n'est-ce pas ? »

À ce moment, le mécanicien quantique, qui avait suivi son collègue, tout en restant tranquillement au fond de la classe, s'approcha et prit son acolyte par le bras. « Venez ! dit-il. Vous ne souhaitez certainement pas être accusé d'hérésie classique pour avoir renié les lois de Newton. Tout ce débat rhétorique sur ce que l'électron fait ou non en réalité ne nous concerne pas. Nous sommes mécaniciens. Et en tant que mécanicien, ma responsabilité première est que les lois quantiques fonctionnent, et bien. Quand je calcule l'amplitude d'un certain processus, elles me disent ce qui peut arriver, elles me donnent les probabilités des différents résultats possibles, de manière précise et fiable. Je ne me soucie guère de ce que font les électrons quand je ne les regarde pas, du moment que je peux prédire ce qu'ils vont probablement faire si je les regarde. C'est pour cela que je suis payé. »

Il entraîna doucement son collègue résigné vers le côté de la classe et, se tournant vers Alice, lui demanda : « Avez-vous appris tout ce que vous souhaitiez sur les observateurs et les mesures ?

— À vrai dire, répondit Alice, j'ai les idées encore moins claires que lorsque je suis arrivée.

— C'est normal ! coupa le mécanicien quantique d'un ton pontifiant. Je m'y attendais. Vous avez appris tout ce que vous pouvez apprendre. Venez avec moi voir les *résultats* de la théorie quantique. Laissez-moi vous guider au pays des quanta. »

Notes

1. Le « problème de la mesure » vient de ce que la sélection d'une possibilité parmi plusieurs et la réduction de toutes les autres amplitudes est un comportement très différent des autres comportements quantiques, et la façon dont elle se passe est loin d'être évidente.

La manière la plus simple de poser le problème est la suivante : comment est-il possible de mesurer quelque chose ? L'interprétation la plus courante de la mécanique quantique est que, si plusieurs possibilités sont ouvertes, une amplitude existe pour chacune d'elles et que l'amplitude d'ensemble du système est leur somme ou superposition.

Si, par exemple, une particule peut traverser plusieurs fentes, l'amplitude d'ensemble contient une composante pour chacune des fentes, et ces composantes peuvent interférer. Si le système est abandonné à lui-même, les amplitudes évoluent d'une façon régulière et prévisible.

Quand une mesure est effectuée sur un système dont l'amplitude contient des composantes correspondant aux différentes valeurs possibles de la quantité mesurée, la théorie garantit qu'une seule valeur est observée, avec une certaine probabilité. Immédiatement après la mesure, cette valeur est une quantité connue et la somme des composantes se réduit à l'unique composante correspondant au résultat observé.

2. La description « orthodoxe » de la mesure en mécanique quantique présente l'inconvénient que le processus de mesure lui-même semble incompatible avec le reste de la théorie quantique. Si cette théorie est une description correcte des atomes, comme cela semble le cas, et si le monde est entièrement composé d'atomes, la théorie devrait s'appliquer au monde entier et à tout ce qu'il contient. Cela inclut donc les instruments de mesure.

Quand un système quantique peut donner plusieurs résultats, son amplitude est une somme d'états correspondant à chacun des résultats. Si le système de mesure est lui-même un système quantique et qu'il *peut* mesurer plusieurs valeurs différentes, il ne peut sélectionner tout simplement l'une d'entre elles. Il doit se trouver dans un état qui soit la somme de tous les résultats possibles qu'il pourrait observer, et, par conséquent, aucune observation unique ne peut être faite.

De cela, il semble n'y avoir que deux conclusions possibles :

– soit il est impossible de jamais rien observer ;

– soit la théorie quantique n'a aucun sens.

Aucune des deux possibilités n'est réellement défendable (même si la seconde peut paraître tentante). Nous *savons* fort bien que nous observons des événements, mais nous ne pouvons pas non plus nier que la théorie quantique détient un palmarès impressionnant quant à sa description des observations ; elle ne connaît pas le moindre échec, et il n'existe, pour le moment, aucune théorie de remplacement. De ce fait, nous ne pouvons pas y renoncer d'un cœur léger.

Chapitre cinquième

L'académie Fermi-Bose

Alice s'éloigna de l'école en compagnie du mécanicien quantique. Le chemin s'élargissait peu à peu et devint une vraie route.

« Je crois que le plus surprenant de tout ce que vous m'avez montré, remarqua Alice, c'est que vous obteniez des effets d'interférence, même quand un seul électron est présent. Est-il bien vrai que cela ne change rien, qu'il y ait un seul ou plusieurs électrons ?

— Certes, vous pouvez obtenir des interférences qu'il y ait plusieurs électrons simultanément ou un seul. Mais, il n'est pas tout à fait exact que cela ne change rien. Certains effets ne s'observent que si plusieurs électrons sont présents. Prenez, par exemple, le principe de Pauli…

— Oh, j'en ai entendu parler, le coupa Alice. Les électrons en discutaient à mon arrivée ici. De quoi s'agit-il ?

— C'est une règle qui s'applique quand on se trouve en présence de plusieurs particules identiques, en tout point identiques. Si vous voulez en savoir plus, il serait bon que nous rendions une petite visite à cet établissement que voici, puisque nous passons devant ; ils sont très au fait du comportement des groupes de particules. »

À ces mots, Alice regarda autour d'elle et se rendit compte que, tout en parlant, ils étaient arrivés devant un haut mur de pierre qui longeait la route. Ils se trouvaient à la hauteur d'un large portail, encadré de piliers massifs de pierre frappés d'armoiries. D'impressionnantes grilles de fer forgé étaient largement ouvertes, et sur leur droite une plaque portait l'inscription suivante :

FERMI-BOSE, ACADÉMIE
POUR ÉLECTRONS ET PHOTONS

Entre les grilles, se tenait un homme à la large carrure, dont l'allure était rendue encore plus imposante par l'ample toge qui le drapait et la toque académique qui le coiffait. Sa figure ronde et écarlate s'ornait d'une spectaculaire paire de moustaches et de favoris broussailleux. Il arborait, vissé sur un œil, un monocle, retenu par un large ruban noir.

« C'est le principal, souffla le mécanicien quantique à l'oreille d'Alice.

— Vous voulez dire le principe de Pauli ? demanda vivement Alice, prise au dépourvu par cette apparition soudaine.

— Non, non, souffla le mécanicien. Il s'agit du principal de l'académie Fermi-Bose. Bien sûr, le principe de Pauli est le principal principe enseigné à l'académie, mais lui, c'est le principal. » Alice aurait voulu n'avoir rien dit.

Ils traversèrent la route et s'approchèrent du majestueux personnage. « Veuillez m'excuser, monsieur, commença le mécanicien, auriez-vous l'obligeance d'éclairer ma jeune amie sur la question des systèmes à plusieurs particules ?

— Certainement, certainement, se rengorgea le principal. Nous ne manquons pas de particules par ici, grands dieux, non. Je serais des plus heureux de vous guider. »

Il pivota dans un grand mouvement de cape et se dirigea vers l'académie. Tandis qu'ils remontaient l'allée, Alice entr'aperçut des petites silhouettes qui jouaient à cache-cache dans les buissons. En un éclair,

une silhouette émergea d'une haie et leur fit une grimace. Ou, du moins, Alice en eut-elle l'impression, car il était, comme d'habitude, difficile de distinguer les traits du personnage. « Ignorez-le ! grommela le principal. Ce n'est qu'électron mineur. »

Ils parvinrent à la porte de l'académie, installée dans un manoir d'allure vaguement Renaissance. Sans s'arrêter, le principal franchit la porte à double battant et les conduisit à travers un hall voûté vers un large escalier sculpté. Tandis qu'ils traversaient le bâtiment, Alice vit de petites silhouettes se cacher derrière les balustrades, s'engouffrer dans les pièces et s'enfuir dans les couloirs à leur approche. « Ignorez-le ! répéta le principal. Ce n'est qu'électron mineur, les particules seront toujours des particules !

— Mais ce n'est pas électron mineur, nous l'avons croisé dans l'allée, protesta Alice. Il ne peut pas être en deux endroits à la fois ! » Elle se tourna vers le mécanicien quantique : « Ou alors, serait-ce encore une histoire analogue à celle de l'électron capable de passer simultanément par les deux fentes lors de votre expérience ? »

— Non, ce n'est pas cela, il y a plusieurs électrons ici. Mais, voyez-vous, les électrons sont tous les mêmes, ils sont tous rigoureusement identiques. Il n'existe aucun moyen de les différencier, aussi sont-ils *tous*, naturellement, électron mineur.

— C'est exact ! confirma le principal avec emphase en les introduisant dans son bureau. C'est un gros problème, je vous le dis. Vous savez, sans doute, les difficultés que rencontrent les professeurs qui ont dans leur classe des jumeaux qu'ils ne peuvent pas distinguer. Eh bien, nous, nous avons des centaines de particules complètement identiques. Tenir à jour le registre de présence est un vrai cauchemar, je vous assure.

Avec les électrons, cela va encore, continua-t-il. Nous n'avons qu'à les compter et vérifier que le total est juste. Au moins, le nombre d'électrons est conservé et nous savons combien nous devons en avoir. Mais, avec les photons, cette méthode elle-même ne fonctionne pas. Les photons sont des bosons, voyez-vous, alors ils ne sont pas conservés. Nous pouvons fort bien commencer une classe avec trente photons et nous retrouver avec cinquante ou plus à la fin. Ou n'en avoir plus que vingt, cela demeure imprévisible.

Cette situation rend les choses très difficiles pour le personnel. »

Alice avait relevé un mot nouveau dans cette remarque. « Pourriez-vous m'expliquer, s'il vous plaît, ce qu'est un *boson* ? » demanda-t-elle, pleine d'espoir.

Le teint du principal vira au rouge brique et il s'adressa au mécanicien : « Je pense qu'il serait préférable que vous l'emmeniez au cours de base pour débutants, *Les bases de la symétrie*, n'est-ce pas ? Cela lui donnerait les connaissances élémentaires sur les bosons et les fermions.

— Vous avez parfaitement raison, répondit le mécanicien. Venez Alice, je pense que je retrouverai le chemin. »

Ils suivirent un couloir jusqu'à une salle de classe, et ils arrivèrent juste au début d'un cours.

« Votre attention, s'il vous plaît, disait le professeur. Vous savez bien sûr que vous êtes tous identiques, vous les électrons, et qu'il en est de même pour vous, les photons. Cela signifie que personne ne peut dire si vous avez ou non échangé vos places. Vous pourriez fort bien avoir changé de place sans qu'un observateur s'en rende compte, et, si vous avez pu le faire, il est certain que vous l'avez fait. Vous savez tous qu'une fonction d'onde, ou une amplitude, vous est associée, et que cette amplitude est la superposition de toutes les actions que vous pouvez commettre. S'il n'est pas possible de dire quelles actions vous effectuez, vous savez que vous les effectuez alors toutes, ou plus exactement que vous possédez une amplitude pour chacune d'entre elles. Par conséquent, lorsque vous êtes réunis en groupe, il est impossible de se rendre compte si deux d'entre vous ont permuté de place ou non. Donc, votre fonction d'onde globale est nécessairement la superposition de toutes les amplitudes dans lesquelles une paire quelconque a permuté. J'espère que vous avez tous bien pris bonne note de cela.

☞ note 1 p. 141

« Vous vous souvenez que la probabilité de toute observation est le carré de la fonction d'onde, c'est-à-dire la fonction d'onde multipliée par elle-même. Comme vous êtes parfaitement identiques, il ne doit y avoir aucun changement apparent quand vous permutez de place et le *carré* de la fonction d'onde ne doit donc pas se modifier. L'un de vous me dira-t-il ce qui peut alors changer dans la fonction d'onde elle-même ? »

L'un des électrons leva la main ou, du moins, Alice le supposa. Elle avait en effet du mal à voir nettement ce qui se passait.

« Monsieur, le signe peut changer.

— Très bien, excellente réponse ! Je mettrai une note dans votre dossier pour souligner que vous avez bien répondu, encore que je ne puisse malheureusement pas vous distinguer des autres. Oui, vous savez effectivement que vos amplitudes ne sont pas nécessairement positives. Elles peuvent être aussi bien positives que négatives, ce qui leur permet de se compenser en cas d'interférence. Cela implique qu'il y a deux situations où le carré de votre amplitude ne change pas : soit l'amplitude ne change pas quand vous permutez vos places, soit elle change de signe. Dans le premier cas, les particules sont des bosons, comme vous, les photons. Dans le second cas, l'amplitude s'inverse et passe, par exemple, de positif à négatif. Le carré reste toujours positif et la distribution de probabilité n'est pas affectée, puisque multiplier l'amplitude par elle-même donne deux inversions de signe, ce qui équivaut à ne rien changer. C'est ce qui arrive aux fermions comme vous, les électrons. Toutes les particules appartiennent à l'une ou l'autre classe, elles sont soit des bosons, soit des fermions.

« Vous pourriez croire que cela n'a aucune importance que votre amplitude s'inverse ou non, puisque la distribution de probabilité n'est pas affectée, mais c'est en fait très important, surtout pour les fermions. En effet, si deux d'entre vous sont exactement dans le même état – faisant la même chose au même endroit – et que vous permutiez vos places, ce n'est pas simplement un changement inobservable, c'est un changement inexistant. En ce cas, ni la distribution de probabilité ni l'amplitude ne se trouvent affectées. Cela ne pose pas de problème pour des bosons, mais la situation est impossible pour des fermions qui doivent inverser leur amplitude. Ils sont donc victimes du principe d'exclusion de Pauli, qui stipule que deux fermions ne peuvent jamais se trouver dans le même état. Ils doivent se trouver dans des états différents.

☞ note 2 p. 142

Comme je le disais, cela ne constitue pas un problème pour les bosons. Leurs amplitudes ne doivent pas changer de signe quand ils échangent leurs places, et ils peuvent donc sans problème occuper le même état. J'irai même plus loin : non seulement, ils *peuvent* occuper le même état, mais ils *adorent* cela. La plupart du temps, quand vous avez une superposition d'états et que vous calculez le carré de l'amplitude pour obtenir la probabilité d'observation, les états individuels du mélange sont séparément élevés au carré et contribuent à peu près autant au total. Mais, si vous avez deux bosons dans le même état, élevée au carré, leur contribution est de quatre : les deux bosons n'ont pas contribué deux fois plus qu'un boson seul mais quatre fois plus. Si vous en aviez trois dans le même état, leur poids serait encore plus lourd. La probabilité s'accroît ainsi considérablement lorsqu'un nombre important de bosons se rassemblent dans le même état, ou, autrement dit, les bosons se rassemblent le plus souvent dans le même état. On appelle cela la condensation de Bose.

« Vous voyez de la sorte la grande différence entre fermions et bosons. Les fermions agissent de manière individualiste, tandis que les bosons se comportent de façon grégaire et se rassemblent en bandes au sein desquelles ils réagissent tous à l'identique. Comme vous le verrez plus tard, ce comportement et l'interaction entre vos deux classes de particules structure la nature du monde. Vous êtes, en somme, les maîtres du monde. »

À ce moment, le mécanicien quantique fit sortir Alice de la classe. « Vous avez compris, maintenant, dit-il. Le principe de Pauli interdit à deux fermions de même type de jamais faire la même chose, de sorte qu'il n'y en ait qu'un au plus dans un état donné. Le principe s'applique à tous les fermions, quelle que soit leur nature, mais pas aux bosons. Cela implique, entre autres choses, que le nombre de fermions doit être conservé. Les fermions ne peuvent pas apparaître et disparaître juste comme cela.

— Évidemment ! s'exclama Alice. Ce serait ridicule.

— Non, vous ne pouvez pas dire cela, vous savez, parce que les bosons, eux, apparaissent et disparaissent justement comme cela. Leur nombre n'est pas conservé. Vous pouvez dire que le nombre de fermions est conservé parce qu'il n'y en a qu'un seul dans chaque état, et que spécifier le nombre d'états occupés revient à déterminer le nombre des fermions qui les occupent. Mais cet argument ne tient pas pour des bosons, puisqu'il peut y en avoir un nombre quelconque dans chaque état. En pratique, le nombre de bosons n'est jamais constant.

« Regardez par la fenêtre, dit-il soudain. Vous verrez très nettement la différence entre bosons et fermions. »

Alice jeta un coup d'œil par la fenêtre et vit des bataillons de photons et d'électrons à l'entraînement sur le terrain d'exercice de l'académie. Les photons se débrouillaient très bien, marchant en ordre serré en parfait synchronisme, sans nul écart. Le peloton des électrons, lui, semblait désespérer le sergent qui dirigeait la manœuvre. Certains avançaient, mais à des vitesses différentes, d'autres allaient vers la gauche, ou vers la droite, ou même en arrière. Quelques-uns sautillaient sur place, ou faisaient le poirier, et l'un d'eux était même allongé sur le dos à contempler le ciel.

« Celui-ci est dans son état fondamental, commenta le mécanicien en suivant le regard d'Alice. Je pense que les autres aimeraient bien suivre son exemple, mais ce droit est réservé à un seul, vous voyez. À moins, bien sûr, que l'autre ait un spin en sens inverse, ce qui créerait une différence suffisante entre eux.

« Vous constatez donc clairement la différence entre fermions et bosons. Les photons sont des bosons, en conséquence il leur est facile d'accomplir les mêmes actes. Mieux, ils adorent faire la même chose et sont remarquables quand il s'agit de marcher en rang. Les électrons, quant à eux, sont des fermions, et le principe d'exclusion de Pauli leur interdit d'être dans le même état : ils sont obligés de se comporter différemment les uns des autres.

— Vous parlez souvent des électrons en disant qu'ils occupent des états, remarqua Alice. Pourriez-vous m'expliquer ce qu'est au juste un état ?

— Là encore, répondit le mécanicien, le mieux pour vous serait d'assister à un cours ici-même.

L'académie compte les maîtres du monde parmi ses élèves, puisque c'est l'interaction des électrons et des photons qui gouverne le monde. Avant de diriger le monde, ils doivent naturellement suivre des cours pour être chefs d'état. Allons en écouter un. »

Il conduisit Alice vers un long bâtiment bas à l'arrière de l'académie. Quand ils y pénétrèrent, Alice vit qu'il s'agissait d'un genre d'atelier où de nombreux électrons travaillaient sur différents établis. Alice s'approcha d'un groupe, très affairé à installer des sortes de barrières tout autour de son banc d'essai. Elle vit sur le banc toute une variété de structures, qui se modifiaient quand les étudiants déplaçaient les barrières.

« Que font-ils ? demanda Alice à son compagnon.

— Ils installent les conditions aux limites des états. Les états sont en grande partie déterminés par les conditions qui règnent à leurs frontières. En général, ce que vous pouvez faire est régi par ce que vous ne pouvez pas faire, et les restrictions permettent de définir les états possibles. C'est un peu comme les notes produites par un tuyau d'orgue. Avec un tuyau de longueur donnée, vous ne pouvez produire qu'un nombre limité de notes, et si vous changez la longueur du tuyau d'orgue, vous changez les notes. Les états quantiques sont déterminés par la fonction d'onde que peut avoir le système, et celle-ci est l'analogue de l'onde sonore dans un tuyau d'orgue.

Comme vous vous en êtes bien rendu compte, il est en général impossible de dire ce que fait un électron, car si vous l'observez, vous sélectionnez nécessairement une amplitude particulière et réduisez la fonction d'onde à cette unique amplitude. Le seul moment où vous pouvez vraiment être certaine de ce que fait votre électron, c'est quand il possède une amplitude unique et non une superposition d'amplitudes, puisque votre observation ne peut alors donner qu'une seule valeur. En ce cas, la probabilité que vous mesuriez cette valeur lors de votre observation est de 100 %, et elle est nulle pour toutes les autres valeurs. Quand vous effectuez l'observation, vous obtenez le résultat attendu et la réduction de la fonction d'onde à celle qui correspond à votre résultat n'a aucun effet, puisque l'électron observé était déjà dans cet état. Un tel état qui n'est pas modifié par une observation est appelé un état stationnaire, et dans cette classe, les électrons construisent des états stationnaires. »

Alice fit le tour du banc, examinant les états que préparaient les électrons. Ils ressemblaient à des boîtes, huit en tout. Il y en avait une très grande, une légèrement plus petite et six toutes petites, de la même taille. Alice fut très surprise de voir que, lorsqu'elle regardait d'un coin de la table, les états changeaient complètement. Maintenant, ils ressemblaient à une série de présentoirs sur de hauts piédestaux. Deux étaient beaucoup plus larges que les autres, quatre avaient la même

On parle d'état pour décrire l'ensemble des caractéristiques d'un système physique. C'est le concept fondamental de la mécanique quantique, et la meilleure description que l'on puisse donner du monde réel.

En général, l'amplitude d'un état fournit la probabilité de chacun des différents résultats possibles d'une observation. Pour certains états, il peut n'exister qu'un seul résultat possible pour une mesure donnée.

Quand un système se trouve dans l'un de ces états dits stationnaires, une mesure de cette quantité ne peut donner que cet unique résultat, et des mesures répétées donneront toujours le même résultat. D'où le nom d'état stationnaire, ou état propre.

largeur mais ils étaient montés sur des pieds de plus en plus hauts, et les deux derniers étaient petits. Vu d'un autre coin de la table, le centre était maintenant occupé par un grand plateau sur lequel était fixée une série de patères, en deux rangées de trois complétées par une patère isolée au-dessus et une autre en dessous. « Que se passe-t-il, grands dieux ? demanda-t-elle à son compagnon. Selon l'endroit d'où je regarde, je vois des états qui n'ont rien de commun.

— Bien entendu ! répliqua le mécanicien quantique. Vous voyez différentes *représentations* des états. La nature des états dépend de la façon dont on les regarde. L'existence même d'un état stationnaire repose sur l'observation au cours de laquelle il fournit toujours le même résultat, mais un état ne peut pas

Certaines quantités ne peuvent pas partager le même état stationnaire ; la position et l'impulsion en sont des exemples. Un état propre qui correspond à une valeur précise de la position d'une particule conduira à une valeur quelconque pour l'impulsion. C'est ce qui conduit aux relations de Heisenberg. Si vous avez une superposition d'états correspondant à des valeurs différentes de la position, une mesure de la position donnera l'une des valeurs correspondantes. La position est incertaine en ce sens, mais la dispersion des résultats en cas de mesure de l'impulsion est réduite. Cette dispersion n'est pas due à un défaut des techniques de mesure, mais elle est inhérente à l'état physique. La valeur indéterminée de certaines quantités physiques dans un état donné permet des effets comme la traversée d'une barrière par effet tunnel, l'échange de particules massives dans les noyaux ou de photons dans les interactions électriques. Les particules virtuelles et les échanges seront abordés dans les chapitres sixième et huitième.

donner un résultat fixé d'avance pour toutes les observations que vous pouvez effectuer dessus. Par exemple, la relation de Heisenberg ne permet pas d'observer en même temps exactement la position et l'impulsion d'un électron, et par suite, un état stationnaire pour l'une des observations ne peut pas l'être pour l'autre. L'ensemble des observations utilisées pour définir un état est appelé sa représentation.

« La nature d'un état peut sembler très différente selon la manière dont vous l'observez, et les états apparents dans une représentation peuvent différer de ceux qui apparaissent dans une autre. Cependant, comme vous l'avez remarqué, le nombre d'états ne change pas. Si vous pouvez placer un électron dans chaque état, vous devez avoir le même nombre total d'états pour les contenir tous, même si les états individuels sont différents.

— Voilà qui est encore bien flou, se plaignit Alice. J'ai l'impression que vous n'êtes jamais sûr de ce qui est vraiment là.

— Exact ! répondit gaiement le mécanicien. Vous n'aviez pas remarqué ? Nous parlons des observations avec une grande assurance, mais quant à savoir ce qui est vraiment observé, c'est une autre histoire. Malgré tout, venez, c'est l'heure de la réunion du soir à l'académie. Vous allez trouver cela très intéressant. »

Le mécanicien reconduisit Alice dans le bâtiment principal et, traversant le hall d'entrée, la mena dans une salle immense dont le plafond voûté se perdait dans les hauteurs. Une foule d'électrons serrés les uns contre les autres masquait le sol dallé. Au-dessus de leurs têtes, un large balcon ouvragé courait tout autour de la salle, et Alice y aperçut les silhouettes floues d'électrons qui se pressaient vers la sortie. Il restait un minuscule espace près de la porte par laquelle ils venaient de pénétrer et un électron, qui les suivait, s'y précipita et s'y immobilisa immédiatement, coincé de tous côtés par la foule dense qui l'entourait et l'empêchait de bouger encore.

☞ note 3 p. 143

« Pourquoi y a-t-il tant de monde ici ? s'écria Alice. Comment pouvez-vous vous déplacer dans une telle cohue ?

— Nous ne pouvons pas, dit l'électron avec un sourire résigné. Mais vous, vous pouvez si vous en avez envie. Vous pouvez aller n'importe où dans la salle puisqu'il n'y a pas d'autre Alice ici et que vous disposez donc d'un grand nombre d'états disponibles. Vous n'avez pas à vous soucier du principe d'exclusion de Pauli. »

Cela parut très bizarre à Alice, mais elle tenta quand même de se frayer un chemin dans la foule compacte ; elle se rendit compte qu'elle pouvait s'y déplacer sans difficulté, tout comme elle avait déjà pu pénétrer sans problème dans un compartiment de chemin de fer déjà plein.

Elle se faufila à travers la foule des électrons vers une estrade qui s'élevait à l'extrémité de la salle. Le principal s'y tenait majestueusement, toujours aussi impressionnant dans sa grande toge. En s'approchant, Alice entendit sa voix enfler et s'étendre au-dessus de la foule.

« Je sais que vous avez tous eu une journée épuisante, mais je ne pense pas inutile de vous rappeler le rôle important que vous devez vous préparer à jouer dans le monde. Vous, les électrons, chacun à sa place dans l'état qui lui convient, formerez le tissu du monde et de tout ce que nous connaissons. Certains d'entre vous seront liés dans les atomes et accompliront leur tâche à différents niveaux, contrôlant tous les détails des processus chimiques. D'autres trouveront leurs places dans des solides cristallins, où ils seront relativement indépendants d'atomes particuliers et pourront se déplacer aussi loin que le leur permettront le principe de Pauli et leurs collègues. Peut-être occuperez-vous la bande de conduction où vous vous déplacerez librement, et votre tâche sera précisément de filer à toute vitesse en emportant votre charge électrique, formant ainsi un courant électrique. Certains occuperont plutôt la bande de valence d'un solide. Vous vous y sentirez peut-être prisonniers, sans autre état disponible à occuper. Mais ne soyez pas découragés : tous les électrons ne peuvent occuper les états d'énergie les plus élevés, et les états les plus bas doivent aussi être remplis.

☞ note 4 p. 144

Quant à vous, les photons, vous êtes ceux qui font bouger les choses. Abandonnés à eux-mêmes, les électrons resteraient paresseusement dans leurs états propres et ne feraient jamais rien. Votre tâche consiste donc à interagir sans cesse avec eux et à provoquer des transitions entre états, ces changements qui façonnent le monde. »

À ce point du discours du principal, Alice prit conscience de la présence des silhouettes brillantes des photons se glissant au milieu de la foule des électrons, et elle vit soudain des éclairs apparaître à travers la salle. Elle se tourna pour mieux voir ce qui se passait mais, noyée au milieu des électrons, elle ne pouvait pas distinguer grand-chose.

« Je suis trop mal placée, quelle malchance ! ne put s'empêcher de s'exclamer Alice en regardant toutes les formes immobilisées autour d'elle, bloquées par la pression des autres. Est-il vraiment impossible de se déplacer ?

— Il n'y a pas d'autre solution que d'être excité et de bondir vers un niveau supérieur », répondit une voix, sans qu'Alice pût voir qui parlait.

« Cela n'a aucune importance, se dit-elle, puisqu'ils sont tous identiques, c'est toujours le même qui parle, finalement. » Il y eut un éclair à proximité et Alice aperçut brièvement un photon qui venait de traverser la foule et de s'écraser contre un électron. L'électron s'éleva dans l'air, atterrit sur le balcon qui entourait la salle et se mit à courir à toute vitesse vers la sortie.

Alice était tellement absorbée par ce spectacle qu'elle ne vit pas qu'un autre photon se précipitait sur elle. Après un éclair brillant, elle se retrouva à flotter dans l'air, puis sur le balcon à regarder la foule des électrons au-dessous.

« C'est sans doute ce que voulait dire l'électron en parlant d'être excité et de bondir vers le niveau supérieur. Cela ne me semble pas tellement excitant, mais, au moins, ici, il y a plus d'espace. » En regardant vers le sol par-dessus la rampe, elle vit de brefs éclairs crépiter par-ci par-là ; à chaque éclair, un électron se mettait à flotter vers le haut, atterrissait sur le balcon et se ruait immédiatement vers la sortie. L'un d'eux arriva tout près de l'endroit où se tenait Alice. En se penchant, elle vit un petit creux de la forme d'un électron à l'endroit où il se tenait juste avant. Le trou était facilement visible à cause du contraste entre le sol dallé et la foule dense des électrons qui le recouvrait partout ailleurs. Tandis qu'elle observait, un autre électron sauta prestement dans la place ainsi libérée, sans pouvoir bouger ensuite. Mais du coup, il avait laissé derrière lui un autre trou, dans lequel sauta un électron nouvellement arrivé.

« Comme c'est étrange ! songea Alice, je me suis habituée à voir des électrons, mais je n'aurais pas imaginé que l'absence d'un électron serait tellement éclatante ! » Elle observa avec intérêt le déplacement de l'électron sur le balcon et, en parallèle, le mouvement du trou sur le dallage en direction de la grande porte par laquelle elle était entrée plus tôt.

Quand l'électron et le trou furent hors de vue, Alice se dirigea aussi vers la sortie. Elle trouvait qu'elle avait suffisamment écouté le discours du principal. Elle franchit la porte du balcon et se retrouva dans un long couloir. Le mécanicien quantique l'attendait là et lui demanda comment elle avait trouvé la réunion.

☞ note 5 p. 144

« Oh, très instructive, merci, répondit poliment Alice, pensant qu'il attendait cette réponse. C'était très intéressant d'observer comment le principal conduisait l'assemblée.

— Oui, si l'on veut, dit en souriant le mécanicien, mais, en fait, ce sont les électrons qui assurent la conduction, une fois excités au niveau de conduction. Les électrons sont tous dotés d'une charge électrique, vous savez, et ils forment ainsi un courant électrique quand ils se déplacent. Comme la charge qu'ils détiennent est négative, le courant circule en réalité dans le sens inverse de leur déplacement, mais il s'agit là d'un point mineur. Si les états qu'un électron est susceptible d'atteindre sont déjà emplis par d'autres, comme dans le niveau de valence, en bas, il ne peut y avoir aucun mouvement, et on obtient un isolant électrique. En effet, puisque tous les électrons, ainsi que leurs charges, sont immobiles, il ne peut passer aucun courant. Dans ce monde, vous n'avez de courant que si des électrons sont emportés sur le niveau supérieur, le niveau de conduction, où ils ont toute la place voulue pour se déplacer. Dans ce cas, vous avez un courant produit à la fois par les électrons et par les trous qu'ils ont laissés derrière eux.

— Mais comment un *trou* peut-il créer un courant, protesta Alice. Un trou, c'est quelque chose qui n'est même pas là !

— Voyons, vous êtes bien d'accord que si les électrons sont tous dans le niveau inférieur, le niveau de valence, ils ne peuvent pas bouger et il n'y a pas de courant ? demanda le mécanicien. Le courant est le même que lorsque aucun électron de charge négative n'est présent.

— Oui, jusque-là je suis d'accord, dit Alice à qui cela paraissait assez juste.

— Alors, vous devez bien admettre que quand il y a un électron de moins, le courant est le même que celui que l'on aurait avec pas d'électron du tout. Le trou dans le niveau de valence se comporte exactement comme s'il portait une charge positive. Vous avez vu que le mouvement du trou vers la sortie résultait en fait du déplacement d'un cran de plusieurs électrons en sens inverse. Le courant électrique produit par ces électrons de charge négative s'éloignant de la porte est identique à celui que produirait une charge positive se dirigeant vers la porte. Comme je le disais, les photons produisent un courant à la fois par l'intermédiaire des électrons qu'ils envoient dans la bande de conduction et des trous que ceux-ci laissent derrière eux.

— Les photons semblent vraiment importuner les électrons, intervint Alice, qui désirait changer de conversation.

— Eh bien, on ne peut pas nier qu'ils soient hyperactifs, mais les photons sont naturellement brillants et, comme disait le principal, les particules seront toujours des particules. J'imagine qu'en ce moment certains aiguillonnent des électrons dans le dortoir.

— Quoi ! s'exclama Alice. Des brimades entre étudiants, ces méfaits sont tolérés ?

— Non, non, ce n'est pas ce que vous croyez. Venez voir, il ne s'agit que de *stimulation.* »

Ils suivirent un couloir jusqu'à une porte que le mécanicien ouvrit. Ils pénétrèrent dans une longue

pièce et refermèrent la porte derrière eux. De chaque côté s'alignaient des rangées de couchettes superposées. Alice nota que la plupart des couchettes supérieures étaient occupées par des électrons, mais que la plupart des couchettes inférieures demeuraient vides. « Oui, parfois on les trouve plutôt dans les couchettes du haut que dans celles du bas, remarqua le mécanicien, nous appelons cela une *inversion de population.* Ce n'est que dans ces conditions que la stimulation est possible. »

Peu après, un photon solitaire pénétra dans le dortoir, se dirigea promptement vers une des couchettes et sauta sur l'électron qui occupait celle du haut. Avec un bruit sourd, celui-ci tomba sur la couchette du bas et Alice découvrit avec stupéfaction qu'il y avait maintenant *deux* photons qui couraient dans le dortoir en parfait unisson, comme s'ils ne faisaient qu'un. « Vous venez de voir un exemple d'émission stimulée, souffla le mécanicien à l'oreille d'Alice. Le photon a provoqué la transition de l'électron vers le niveau inférieur, et l'énergie ainsi libérée a créé un nouveau photon. Maintenant regardez comment la stimulation se développe. »

Les deux photons couraient dans le dortoir. L'un entra en collision avec un électron, et il y eut désormais trois photons, et un autre électron au niveau inférieur. Tandis qu'Alice regardait, saisie, les photons interagissaient avec d'autres électrons, déclenchant l'apparition d'autres photons. Elle vit parfois un photon se heurter à un électron tombé sur une couchette inférieure. En ce cas, l'électron sautait sur la couchette du haut et le photon disparaissait, mais comme au début il y avait peu d'électrons en bas, cela n'était guère fréquent.

☞ note 6 p. 145

Le dortoir fut rapidement rempli d'une horde de photons identiques courant tous à l'unisson, en un synchronisme parfait. Il y avait désormais à peu près autant d'électrons sur les couchettes du bas que sur celles du haut, aussi les collisions avaient-elles aussi souvent pour effet de faire sauter un électron en entraînant ainsi la disparition d'un photon que d'en créer un nouveau. Le flux des photons jaillit du dortoir par la porte de sortie et s'engouffra dans le corridor en un faisceau cohérent de lumière. À mi-parcours, ils se heurtèrent à la silhouette massive du principal qui venait à leur rencontre.

Celui-ci s'immobilisa aussitôt, se redressa de toute sa taille et releva son ample toge noire sur les côtés, présentant un dense corps noir qui bloquait le corridor. Les photons percutèrent l'étoffe d'un noir d'encre et disparurent sur-le-champ. Le principal resta immobile un instant, l'air de suffoquer, et, soucieux, essuya les gouttelettes de sueur de son visage rubicond avec un mouchoir.

« Je ne saurais tolérer pareille conduite, souffla-t-il. Je les avais déjà prévenus ! Tout photon qui se laisse aller de la sorte sera aussitôt absorbé. C'est une tâche cuisante, cependant, puisque leur énergie doit bien aller quelque part et qu'elle finit le plus souvent en chaleur.

— Excusez-moi, demanda Alice, mais où sont partis tous ces photons ?

— Mais ils ne sont partis nulle part, mademoiselle, ils ont été absorbés, ils n'existent plus !

— Oh, comme c'est triste ! gémit Alice, navrée du destin tragique de ces pauvres petits photons si brutalement éteints.

— Nullement, nullement. Cela fait partie du destin d'une particule non conservée. C'est le sort des photons, vite venus et vite partis. Ils sont sans cesse créés et détruits, il n'y a là rien de grave.

— Je suis sûre pourtant que c'est grave pour eux, déplora Alice.

— Mais non, je ne crois pas. Je pense même que, pour un photon, la durée de son existence telle qu'elle nous apparaît *à nous* n'a aucune importance. Ils se déplacent à la vitesse de la lumière, ils *sont* la lumière après tout, et pour qui voyage à la vitesse de la lumière, le temps s'arrête. Aussi, voyez-vous, le temps ne passe pas pour eux, quelle que soit la durée de leur existence à nos yeux. Toute l'histoire de l'Univers passe en un éclair pour eux, et je suppose que c'est pour cela qu'ils n'ont jamais l'air de s'ennuyer.

Comme je l'ai dit lors de l'assemblée, les photons jouent le rôle important d'exciter les électrons pour les faire passer d'un état à un autre, et même en créant les interactions qui sont à l'origine des états eux-mêmes. Pour cela, il est indispensable qu'ils soient perpétuellement créés et détruits. Cela fait partie de leur travail, en quelque sorte. Cela dit, la création des interactions relève plutôt des photons virtuels, dont nous ne nous occupons guère ici. Si vous vous intéressez aux états et à la manière dont on passe de l'un à l'autre, vous devriez rendre visite à l'agent des états. Votre ami vous montrera le chemin. »

Le principal les raccompagna à la sortie. En reprenant la route, Alice se retourna pour lui faire un signe d'adieu : sa solide silhouette noire était encadrée par les piliers du portail, à l'endroit même où elle l'avait vu pour la première fois.

Notes

1. Lorsque l'on se trouve en présence de nombreuses particules, il existe une amplitude pour chacune d'elles et une amplitude d'ensemble qui les décrit toutes.

Si toutes les particules sont différentes, on sait alors dans quel état se trouve chacune d'elles (ou du moins en principe). Si, en revanche, les particules sont identiques, les choses se compliquent. Électrons et photons sont rigoureusement identiques, il n'existe aucune façon de les différencier. Si deux électrons sont échangés, il n'existe aucun moyen de s'en apercevoir. L'amplitude totale est donc une superposition de toutes les amplitudes indiscernables, incluant toutes les permutations dans lesquelles deux particules identiques voient leurs états échangés.

Échanger deux particules identiques ne change rien à ce l'on peut observer, c'est-à-dire ne change rien à la distribution de probabilité, obtenue en multipliant l'amplitude par elle-même. Cela implique soit que l'amplitude elle-même ne change pas, soit qu'elle change de signe (passant par exemple de positive à négative). Cela revient à multiplier l'amplitude par -1, et lorsque l'amplitude est multipliée par elle-même pour obtenir la distribution de probabilité, ce facteur -1 est multiplié par lui-même, donnant un facteur +1 qui ne modifie pas la probabilité. Ce changement de signe peut sembler un point mineur, mais les conséquences en sont fantastiques.

2. Ce n'est pas simplement parce que nous sommes incapables de démontrer qu'une amplitude peut ne pas changer de signe qu'elle est obligée d'en changer, mais la Nature semble suivre une règle stipulant que tout ce qui n'est pas interdit est obligatoire et que toutes les options doivent être choisies.

Il existe des particules dont l'amplitude change de signe quand deux d'entre elles sont permutées. On les appelle des fermions, et les électrons en font partie.

Il existe également des particules dont l'amplitude ne change pas lors d'une permutation. On les appelle des bosons, et les photons appartiennent à ce type.

Quelle importance cela peut-il bien avoir, que l'amplitude change ou non de signe lors d'une permutation ? De façon surprenante, cela a une importance énorme. Il est impossible que deux fermions soient dans le même état. Si deux bosons se trouvent dans le même état et sont permutés, cela ne change rien, pas même le signe.

De telles amplitudes sont interdites aux fermions, selon le principe de Pauli. Les fermions sont les individualistes par excellence : il n'y en pas deux dans la même situation. Le principe de Pauli s'avère extrêmement important et même vital pour l'existence des atomes et de la matière tels que nous les connaissons. Les bosons, quant à eux, ne sont pas soumis au principe de Pauli, bien au contraire.

Si chaque particule se trouve dans un état différent et que l'on calcule le carré de l'amplitude globale pour obtenir la distribution de probabilité des particules, chacune des particules contribue à peu près autant au total.

Si deux particules sont dans le même état et qu'on élève l'amplitude au carré, on obtient quatre fois la contribution individuelle des particules. Il est donc plus probable

d'avoir deux particules dans le même état que dans des états différents. Il est encore plus probable d'en avoir trois ou quatre, et ainsi de suite.
L'accroissement rapide de la probabilité proportionnellement au nombre de bosons dans le même état conduit au phénomène de condensation des bosons : les bosons « préfèrent », en quelque sorte, se retrouver dans le même état, ils sont profondément grégaires. C'est la condensation des bosons qui est à la base du fonctionnement d'un laser.

3. Les forces électriques entre électrons assurent la cohésion des atomes, comme nous le verrons au chapitre septième, mais elles ne causent aucune répulsion qui repousserait les atomes.
Alors pourquoi ceux-ci restent-ils donc sensiblement à la même distance les uns des autres ? Pourquoi les solides sont-ils incompressibles ? Pourquoi les atomes ne se pénètrent-ils pas les uns les autres ? Pourquoi un bloc de plomb ne se condense-t-il pas en un objet de la taille d'un atome ?
Encore une fois, ces phénomènes découlent du principe de Pauli, qui interdit à deux électrons de se trouver dans le même état. Puisque les atomes d'une espèce donnée sont tous les mêmes, ils possèdent tous la même série d'états.
Cela signifie-t-il que les électrons analogues de chacun des atomes se trouvent dans le même état, ce qui est interdit ? Non, puisque les atomes ne sont pas au même endroit et que les états des électrons sont ainsi légèrement différents. Mais si les atomes se superposaient, les états seraient alors les mêmes et le principe d'exclusion de Pauli interviendrait. Les atomes sont maintenus à une certaine distance les uns des autres par ce que l'on appelle la pression de Fermi, qui n'est rien d'autre que le refus obstiné des électrons d'un atome d'être pareils à

ceux de l'atome voisin. La matière est incompressible en raison de l'individualisme forcené des électrons.

4. Dans un solide, les états électroniques des atomes individuels se combinent pour former de grandes séries d'états électroniques qui appartiennent au solide dans son ensemble. Ces états se regroupent en bandes d'énergie dans lesquelles les niveaux d'énergie des états sont si rapprochés qu'ils sont pratiquement continus.
Il existe entre ces bandes de grands intervalles qui correspondent aux plus grands des intervalles d'énergie des atomes individuels. Les bandes les plus basses sont remplies par les électrons venus des niveaux d'énergie les plus bas des atomes. La plus haute de ces bandes pleines est appelée la bande de valence. Au-dessus d'elle, séparée par un intervalle ne contenant aucun électron, se trouve une autre bande, la bande de conduction. Cette bande est entièrement vide, ou au plus n'est que partiellement remplie.
Les électrons de la bande de valence ne peuvent pas se déplacer : tout mouvement implique que les électrons passent d'un état à un autre et aucun état libre ne leur est accessible. Un potentiel électrique appliqué au solide créerait une force sur les électrons, mais ceux-ci ne peuvent bouger. Si aucun électron ne se trouve dans la bande de conduction, le solide se comporte comme un isolant électrique.

5. Si un électron de la bande de valence pleine reçoit assez d'énergie, soit à la suite d'une collision avec un photon, soit, par hasard, grâce à une concentration temporaire d'énergie thermique, il peut s'élever à travers l'intervalle jusqu'à la bande de conduction. Comme il y a quantité d'états libres dans cette bande, l'électron peut alors se déplacer et il produit un courant électrique. Une place est libérée dans la bande de valence, là où se

trouvait l'électron. Un autre électron peut venir l'occuper, laissant à son tour un trou derrière lui. Un trou apparaît dans la bande de valence par ailleurs pleine, et ce trou se déplace dans la direction opposée au mouvement des électrons. Ce trou se comporte tout à fait comme une particule de charge positive.
Cette description correspond au comportement des matériaux semi-conducteurs, comme le silicium, largement utilisé dans l'industrie électronique. Le courant électrique est porté à la fois par les électrons de la bande de conduction et les trous de la bande de valence.

6. Quand un photon ayant l'énergie adéquate interagit avec un électron dans un atome, il peut provoquer une transition d'un niveau d'énergie à un autre, comme nous le montrerons au chapitre sixième. La plupart du temps, cette transition se produit d'un état d'énergie donné vers un état d'énergie supérieure, car les niveaux inférieurs sont généralement pleins.
Le photon est, cependant, capable d'induire une transition vers un état d'énergie plus basse si ce dernier est vide. Si une substance se trouve avoir beaucoup d'électrons à un niveau supérieur et un niveau inférieur presque vide, ce qu'on appelle une inversion de population, un photon peut induire une transition de l'état supérieur vers l'état inférieur. Cette transition libère de l'énergie, qui se matérialise sous la forme d'un nouveau photon, en plus de celui qui a causé la transition. Ce photon peut, à son tour induire la transition d'un autre électron vers un niveau inférieur.
Dans un laser, la lumière produite est réfléchie par des miroirs placés aux extrémités de la cavité, provoquant l'émission de nouveaux photons chaque fois qu'elle traverse le matériau. Une fraction de cette lumière s'échappe à travers les miroirs, qui ne sont pas des réflecteurs parfaits, et apparaît comme un intense faisceau étroit, le

faisceau laser. Comme les photons sont émis en réponse aux photons déjà présents, la lumière est cohérente, en phase, et cela lui permet de produire des effets d'interférence à grande échelle comme dans les hologrammes (les hologrammes n'ont toutefois pas toujours besoin de la lumière d'un laser).

Chapitre sixième

Réalité virtuelle

Le mécanicien quantique conduisit Alice le long de la route jusqu'à un jardin superbe, dans lequel ils pénétrèrent par une grille de fer forgé. De magnifiques massifs de fleurs aux couleurs assorties encadraient l'allée qu'ils suivaient, et le spectacle était enchanteur dans la tiédeur de l'été. Le soleil éclatant inondait cette scène idyllique de sa clarté. Le long de l'allée, des papillons multicolores voletaient d'une fleur éclatante à une autre, un ruisseau murmurait en descendant en cascades un lit de galets, et l'on voyait çà et là de minuscules chutes. Alice trouvait tout cela merveilleux et regardait autour d'elle, enchantée, quand elle vit approcher une silhouette venue d'un chemin de traverse.

La nouvelle venue était indiscutablement une jeune fille, mais d'apparence très singulière. Elle ressemblait beaucoup à Alice ou, plus précisément, aux négatifs qu'Alice avait vus de ses photos. Cela lui rappela les antiélectrons qu'elle avait aperçus à la banque Heisenberg. Elle remarqua avec surprise que la jeune fille, bien que venant vers elle, regardait dans l'autre direction et marchait à reculons.

Alice était tellement fascinée par cette étrange apparition qu'elle ne se rendait pas compte de la vitesse à laquelle elle s'en rapprochait. Avant de réaliser ce qui se passait, elles entrèrent en collision et un éclair aveuglant lui fit perdre conscience.

Quand elle recouvra ses esprits, elle marchait sur le chemin que suivait auparavant l'autre jeune fille. En se retournant, elle la vit qui reculait toujours, sur le

chemin qu'elle-même suivait précédemment. Elle était maintenant accompagnée d'une silhouette négative qui marchait aussi à reculons, et qui ressemblait fort à son compagnon, le mécanicien quantique.

En regardant autour d'elle, elle découvrit que le décor s'était considérablement modifié. Tout paraissait inversé. Dans le ciel, un soleil noir paraissait absorber la lumière du paysage. Sur le bord du chemin, des papillons ternes sautillaient à reculons d'une sombre fleur à une autre, un ruisseau murmurait en remontant la pente d'un lit de galets, et l'eau faisait de temps en temps un bond pour sauter par-dessus une minuscule cascade. Alice n'avait encore jamais rien vu de pareil.

Elle était tellement stupéfaite par cette scène singulière qu'elle ne remarqua pas qu'une jeune fille s'approchait à nouveau rapidement d'elle à reculons. Alice ne la découvrit qu'au moment où elles entrèrent en collision et où un nouvel éclair lui fit perdre conscience. Quand elle se releva, la jeune fille s'éloignait sur le chemin qu'Alice avait emprunté juste avant, et le paysage était redevenu tout à fait normal. « De plus en plus étrange, se dit Alice. La première collision a inversé tout le paysage, et la seconde a ramené les choses à la normale. Je ne comprends pas comment cela a été possible. Comment ma collision avec cette fille, aussi violente qu'elle ait pu être, a-t-elle pu affecter le ruisseau ou le soleil ? Cela n'a pas de sens. » Alice continuait à réfléchir à ce qui lui était arrivé et à la signification de ces événements bizarres. C'était si énigmatique qu'elle se rendit à peine compte qu'une détonation se faisait entendre à proximité et qu'un photon animé de la plus grande énergie traversait l'allée à toute vitesse.

Alice n'avait toujours pas trouvé d'explication acceptable aux événements récents quand l'allée la conduisit en dehors du parc, dans une grande plaine totalement déserte, si ce n'était la présence d'un grand bâtiment d'aspect utilitaire qui lui faisait face à quelque distance.

En s'approchant, elle constata qu'une pancarte était fixée au-dessus de l'entrée. Elle leva les yeux et lut d'un côté : « Représentant en états » et de l'autre « Résidences virtuelles ». Au centre d'une longue façade nue s'ouvrait une porte, à côté de laquelle un tableau était rempli de petites annonces.

VÉRITABLES RÉDUCTIONS D'AMPLITUDES À SAISIR.
SUPERBES AMÉNAGEMENTS PÉRIODIQUES.
ÉTATS SITUÉS DANS LES BANDES D'ÉNERGIE PRIVILÉGIÉES.
PRIX ATTRACTIFS POUR UNE TRANSITION PRÉCOCE.

Alice ne vit personne dehors, aussi poussa-t-elle la porte et entra-t-elle à l'intérieur. Un petit comptoir se trouvait juste à l'entrée, et derrière s'étendait une salle immense, vide à l'exception de rangées de classeurs s'alignant jusqu'à se perdre dans l'ombre. Au centre, un homme seul téléphonait, assis à un bureau. Quand il aperçut Alice, il se leva précipitamment et s'empressa de la rejoindre.

Il posa les doigts sur le comptoir et arbora un large sourire commercial.

« Entrez, je vous en prie, entrez ! proposa-t-il à Alice, sans tenir compte du fait qu'elle se trouvait déjà à l'intérieur. Que puis-je avoir le plaisir de vous montrer ? Peut-être avez-vous le projet de vous installer dans votre tout premier état ? Je suis persuadé que nous saurons vous donner entière satisfaction.

— À vrai dire, commença Alice comme si elle avait pu avoir l'intention de mentir à cet homme, je

ne cherche rien de particulier. Je me suis laissé dire que vous sauriez me renseigner sur la manière dont les électrons et les autres particules passent d'un état à un autre.

— Vous avez eu entièrement raison de venir. Nous avons une très grande compétence dans le domaine des transitions de particules. Si vous voulez bien me suivre, je ferai tout mon possible pour vous éclairer sur le sujet, et ce à votre entière satisfaction. »

Alice songea que l'homme allait lui fournir des explications, aussi fit-elle le tour du comptoir et le suivit-elle le long des rangées de classeurs, ou de ce qui y ressemblait. Mais ils devaient être très loin et très grands, ou alors Alice et le représentant en états rétrécissaient en approchant, quoi qu'il en soit, elle eut l'impression qu'ils évoquaient plutôt des immeubles collectifs. Une enseigne annonçait :

RÉSIDENCES PÉRIODIQUES

Les appartements s'ouvraient par de larges baies, et on pouvait voir des électrons se déplacer à chaque étage.

« Vous avez ici un remarquable exemple d'états de prestige construits avec des niveaux d'énergie largement espacés. Chacun est occupé par le nombre autorisé d'électrons jusqu'au plus haut état occupé. Plusieurs états sont actuellement libres au-dessus, mais il ne reste aucune place aux niveaux inférieurs pour des électrons. Quand un électron est un résident de l'état, il n'y a bien sûr pas de place pour un autre, et il ne manifeste aucun penchant à quitter cet état s'il est livré à lui-même. Avec un peu de patience, nous aurons peut-être toutefois la chance de voir un déménagement forcé. »

Alice s'arrêta devant l'immeuble et le contempla quelques instants. Elle vit soudain un photon se précipiter dans l'entrée. Il y eut une secousse, et l'un des électrons du rez-de-chaussée sauta en l'air et disparut dans les hauteurs. Alice se retourna pour voir d'où le photon était venu. Une camionnette était garée à proximité, et elle portait un panneau publicitaire :

PHOTON DÉMÉNAGEMENTS
Avec nous, les transitions sont un plaisir

« Quelle chance ! s'exclama le représentant en états. Un photon vient de fournir de l'énergie à un électron du plus bas niveau et l'a excité jusqu'à un des niveaux vacants du sommet. Il est rare d'assister à un déménagement depuis le niveau fondamental. Cet état libre est une occasion en or, je dois m'en occuper immédiatement. »

Il partit en courant et revint aussitôt avec une pancarte sur pied, qu'il planta dans le sol. On lisait :

ÉTAT VACANT !
LOGEMENT SENSATIONNEL AU NIVEAU FONDAMENTAL

Il n'avait pas sitôt planté sa pancarte qu'un électron du premier niveau poussa un petit cri et sauta sur l'état vide. Une fois là, il s'installa et se comporta comme si rien d'extraordinaire n'était arrivé. Pendant la chute de l'électron, Alice vit un photon partir en courant. Comme l'électron n'était pas tombé de bien haut, l'énergie emportée par ce photon était beaucoup plus faible que celle qu'avait apportée le photon qui avait éjecté le premier électron.

Le représentant en états soupira et prit le pinceau qu'il avait apporté en même temps que la pancarte et un pot de peinture. Il barra les mots « niveau fondamental » sur l'annonce et les remplaça par « premier niveau ». La peinture était à peine sèche qu'Alice entendit un autre petit cri. Un électron du second niveau venait de sauter sur la place libre au premier niveau. Le représentant jura et modifia à nouveau son panneau en remplaçant « premier » par « deuxième ». Il jeta violemment le pinceau dans le pot et regarda de nouveau vers l'immeuble.

On entendit un autre cri bref. Un électron d'un niveau supérieur venait encore de sauter sur le deuxième niveau. Le représentant arracha la pancarte, la jeta au sol et la piétina rageusement.

☞ note 1 p. 175

« Excusez-moi, dit Alice en hésitant à interrompre cette manifestation passionnée. Je croyais que vous aviez dit que les électrons restaient indéfiniment dans leurs états quand ils n'étaient pas dérangés, mais ceux-ci semblent bien avoir sauté spontanément.

— C'est l'impression qu'ils donnent, répondit le représentant, heureux d'être un instant détourné de son accès de colère. En réalité, toutes les transitions de ces électrons étaient stimulées par des photons, mais vous ne les avez pas remarqués, car il s'agissait de photons *virtuels*. Les photons virtuels jouent un rôle essentiel dans toutes les interactions des électrons. Ils sont responsables de ces transitions apparemment spontanées d'un état à l'autre, mais surtout, ce sont eux qui créent ces états au départ. Vous voyez ainsi que les mêmes particules qui permettent aux électrons de résider dans leurs états les obligent aussi à les quitter.

« Mais avant que je vous parle plus en détail des particules virtuelles, nous devrions commencer par les particules normales, celles qui ne sont pas virtuelles. Nous les appelons d'ordinaire des particules réelles. Leur trait distinctif est de posséder une relation extrêmement stricte entre leur masse, leur énergie et leur impulsion. C'est ce que signifie cette affiche. »

Il indiquait une affichette, imprimée sur un papier vert fluo, collée à l'entrée de l'immeuble. Elle disait :

Les photons peuvent exciter les électrons et les inciter à accomplir des transitions dans les deux directions, ce qui donne des absorptions stimulées ou des émissions stimulées.

Les électrons excités vers un état d'énergie élevée peuvent retourner à un état de plus basse énergie, s'il en est un de vacant, même si, en apparence, il n'y a pas de photon présent. Cela s'appelle une transition spontanée.

Selon la mécanique quantique, toutes les transitions sont causées par quelque chose : elles ne se produisent pas spontanément.

Les transitions spontanées sont en réalité dues à des photons, non pas réels, mais virtuels, les fluctuations quantiques du vide.

Autour de toute charge électrique se trouve un nuage de photons virtuels dont l'interaction avec les autres particules chargées provoque un champ électrique. Constituant ce champ électrique, les photons virtuels sont toujours présents dans un atome et entraînent les transitions apparemment spontanées des électrons.

LES VRAIES PARTICULES FONT ÇA SUR LA COUCHE DE MASSE.

« Ils ont l'air de beaucoup aimer les affiches, dans ce pays, songea Alice, et celle-ci semble particulièrement suggestive, même si je ne suis pas très sûre de comprendre ce qu'elle signifie au juste. »

« La couche de masse, continuait le représentant comme s'il lisait dans ses pensées, est cette région où l'énergie et l'impulsion suivent la relation stricte imposée aux particules réelles. C'est la voie étroite et droite que suivent les particules prosaïques aux préjugés conventionnels.

« Pour avoir la puissance dans cette communauté et faire bouger les choses, il vous faut de l'impulsion. Si vous voulez déplacer quelque chose de l'endroit où il est, ou empêcher quelque chose de partir, vous devez lui transférer de l'impulsion. Dans chacun des cas, il s'agit de mouvement, et le mouvement implique de l'impulsion. Que vous vouliez provoquer un mouvement ou l'empêcher ne revêt aucune importance. Ce sont les changements d'impulsion qui détournent les objets de leur route et font changer les choses, et c'est le contrôle de l'impulsion qui conduit les particules à suivre un chemin particulier, si j'ose dire.

« Quand vous êtes sur la couche de masse, vous ne pouvez pas disposer d'impulsion sans fournir la quantité correspondante d'énergie adaptée à votre masse. Pour disposer d'une certaine quantité d'impulsion, une particule très lourde, qui possède déjà beaucoup d'énergie investie dans sa masse, a besoin de moins d'énergie cinétique qu'une particule légère. Toute particule réelle doit avoir la quantité voulue d'énergie pour obtenir l'impulsion qu'elle requiert. Cela est vrai même pour les photons, qui n'ont pas de masse du tout. »

Le représentant plongea la main dans sa poche et en sortit une série de formulaires d'aspect très officiel. « Les conditions sont très précises. Pourvu que les particules les suivent, elles sont libres de toute dette en énergie. Elles peuvent se déplacer comme elles le veulent et aussi loin qu'elles le veulent. Elles sont parfaitement libres d'aller et venir. Vous avez peut-être déjà vu la règle : *Ce qui n'est pas interdit est obligatoire*, remarqua-t-il.

— Oui, en effet, répondit Alice, soucieuse de montrer ses connaissances. J'ai vu ces mots à la banque Heisenberg, et la directrice m'a parlé de l'impulsion et de…

— Il existe une autre règle, continua le représentant emporté par son enthousiasme et sans s'arrêter pour écouter Alice, selon laquelle : *Ce qui est interdit doit être fait très vite.* Les particules virtuelles suivent cette règle. On ne les évoque pas trop dans la bonne société classique, mais elles jouent un rôle très important dans le monde. Les particules virtuelles ont un comportement que les lois classiques interdisent purement et simplement.

— Comment cela est-il possible ? demanda naïvement Alice. Sans nul doute, si une chose est interdite, aucune particule ne pourra la faire. »

Le représentant entendit sa question et lui répondit : « Ce sont les fluctuations quantiques qui le permettent. Si vous êtes allée à la banque Heisenberg, vous aurez remarqué que les particules peuvent souscrire un emprunt d'énergie pour une courte période. Bien sûr, plus l'emprunt est important et plus la durée du prêt est courte. Vous avez sans doute déjà entendu la plaisanterie : *Nous exécutons immédiatement le difficile, l'impossible prend un peu plus de temps.* Eh bien, en mécanique quantique, l'impossible ne prend pas *un peu plus de temps*, mais dure vraiment *un peu moins longtemps.* Les particules virtuelles peuvent profiter de tous les avantages d'une énergie qu'elles ne possèdent pas pour une brève période d'essai gratuit. Elles peuvent, en particulier, disposer d'impulsion et la transférer.

— Cette période d'essai doit être très courte, dit pensivement Alice.

— Oh oui, absolument ! Mais comme c'est totalement gratuit, toutes en veulent. Vous apprécierez mieux les particules virtuelles quand vous les aurez vues.

— Mais justement, se plaignit Alice, je ne peux pas les voir.

Le concept de particule n'est pas aussi bien défini dans la théorie quantique que dans la théorie classique. Les particules transportent et échangent de l'énergie par quantités discrètes, quantifiées. Elles ont souvent des masses précises qui les distinguent d'autres particules, et elles peuvent aussi avoir d'autres caractéristiques discrètes comme la charge électrique. Les photons ont une masse nulle, ce qui est aussi une masse précise.

Les particules réelles ont une existence durable et elles remplissent une relation stricte entre les valeurs de la masse, de l'énergie et de l'impulsion. Des particules qui peuvent être créées ou détruites et dont l'existence est éphémère n'ont pas de telles contraintes, et la fluctuation quantique de leur énergie peut être importante. Cela est particulièrement vrai pour les particules qui sont échangées pour fournir une interaction entre d'autres particules. Toute l'énergie de ces particules vient de fluctuations quantiques et elles sont littéralement créées à partir de rien. Le vide ne s'apparente pas à un désert complet mais regorge d'une foule frémissante de ces particules fugitives.

— Vous ne pouvez pas encore les voir, répliqua sévèrement le représentant, mais vous le pourrez quand vous aurez mis mon casque à réalité virtuelle. » Il s'éloigna d'un pas rapide vers son bureau. Alice espérait ne pas l'avoir froissé, et elle fut rassurée de le voir revenir avec un volumineux casque *high-tech.* Une visière transparente le fermait complètement sur l'avant, et un gros câble partait d'un connecteur à l'arrière. Le câble serpentait sur le sol avant de se perdre dans l'obscurité.

« Le voilà ! dit le représentant d'un ton de triomphe. Une merveille de la technologie. Vous n'avez qu'à le porter et vous verrez le monde des particules virtuelles. »

Alice était un peu nerveuse. Le casque était gros, apparemment très complexe, et elle le trouvait un peu sinistre. Mais si cela devait lui révéler l'univers des particules virtuelles dont elle avait tellement entendu parler, elle allait en faire l'essai. Elle posa le casque sur sa tête. Il était très lourd. Le représentant fit quelques ajustements qu'Alice ne pouvait pas voir, ce qu'elle distinguait à travers la visière se couvrit de petits points scintillants, et…

Quand le brouillard se dissipa dans la visière, le paysage avait complètement changé. Alice voyait toujours les électrons occuper leurs différents niveaux, mais ces niveaux ne semblaient plus maintenant former un haut bâtiment. Ils paraissaient emmêlés dans un réseau scintillant de lignes joignant les électrons les uns aux autres. On aurait dit des mouches prises dans une immense toile d'araignée de fils chatoyants. En regardant ces fils de plus près, Alice vit qu'ils étaient formés de photons, mais des photons très différents de ceux qu'elle avait vus à l'académie Fermi-Bose.

Tous les photons qu'elle avait rencontrés se déplaçaient sans doute très vite, mais au moins ils se déplaçaient d'une façon normale. Ils partaient de quelque part et, un peu plus tard, ils se trouvaient dans une nouvelle position, même si ces positions n'étaient pas très bien définies. Entre ces deux moments, ils passaient par tous les points situés entre le départ et l'arrivée. Alice n'avait jamais imaginé que l'on pouvait voyager autrement, mais certains de ces photons virtuels avaient trouvé une autre méthode.

En les regardant, Alice était incapable de dire dans quelle direction ils se déplaçaient, ou même s'ils le faisaient d'une façon normale, quelle qu'elle fût. Un brin de fil du réseau, qui matérialisait le comportement d'un photon, pouvait apparaître simultanément à proximité des deux électrons qu'il joignait sans qu'on le voie aller de l'un à l'autre. Ce fil s'estompait ensuite, tandis que d'autres apparaissaient ailleurs dans le grand enchevêtrement des photons qui couplaient toutes les charges électriques des électrons.

C'était un spectacle d'une grande beauté malgré son étrangeté. Les photons semblaient se déplacer de toutes les manières imaginables, certains paraissant même avoir maîtrisé l'art de se mouvoir instantanément.

Pendant qu'Alice regardait cette scène extraordinaire avec intérêt, le casque se mit à bourdonner derrière son oreille puis fit entendre un « clonk » sonore. La vision se mit à trembler puis s'effaça, et le paysage redevint prosaïque, à l'image de ce qu'il était auparavant. Alice poussa une violente exclamation, frustrée par la disparition de ces images fascinantes.

« Oh, je suis désolé, dit le représentant. Il y a une minuterie dans le mécanisme. Je voulais le faire fonctionner avec des pièces, vous comprenez. »

Alice était beaucoup trop éblouie par la vision qui venait de s'effacer pour prêter attention aux excuses du représentant, et elle essaya de lui décrire ce qu'elle

Dans la théorie quantique, les particules montrent des propriétés classiquement associées aux ondes continues. Inversement, les champs de forces classiques sont composés de particules. L'interaction électrique entre deux particules chargées est causée par l'échange de photons.
Ces photons ont une brève existence, et ils sont ainsi bien localisés dans le temps. Par conséquent, leur énergie est incertaine. Ce sont des particules virtuelles dont l'énergie et l'impulsion peuvent fluctuer loin des valeurs admissibles pour une particule normale à longue durée de vie.

venait de voir. Comme tous les gens qu'elle avait rencontrés dans ce pays, il se lança alors dans une longue explication.

« Oh, c'est encore une autre façon qu'ont les particules virtuelles d'accomplir des actes interdits aux particules réelles. C'est un peu comme l'effet tunnel, en somme. Vous avez déjà dû rencontrer des exemples d'effet tunnel depuis le temps.

— On m'a dit que j'en avais rencontré, répondit Alice avec prudence. J'ai vu quelqu'un traverser une porte, peu après mon arrivée, et on m'a dit qu'il pouvait le faire parce que sa fonction d'onde était étalée et traversait la porte, ce qui lui donnait une faible probabilité d'être observé de l'autre côté.

— C'est parfaitement juste. Cette partie de la fonction d'onde a permis à votre ami de traverser une barrière qui aurait arrêté une particule classique réelle. Il n'avait pas assez d'énergie pour franchir la porte, et, par conséquent, quand il pénétrait cette barrière, il se trouvait dans une sorte d'état virtuel. Il y a très peu de particules, en réalité, qui sont tout à fait réelles. Presque toutes ont au moins un petit côté virtuel, certaines sont plus virtuelles que d'autres, voilà tout. Les photons échangés que vous venez de voir sont presque entièrement virtuels.

La règle générale est que les particules virtuelles n'obéissent pas aux lois, même si elles ne peuvent y échapper très longtemps. Elles peuvent donc faire des choses pour lesquelles elles ne disposent pas d'assez d'énergie. Ces particules virtuelles échangées, comme les photons que vous avez vus, provoquent des interactions entre les autres particules. Elles peuvent traverser des barrières qui arrêteraient une particule réelle classique, y compris la barrière du temps. Leur déplacement peut être du *genre espace*, comme nous disons, alors que celui des particules réelles est toujours du *genre temps.* Cela signifie qu'une particule réelle peut rester à la même place pendant que le temps s'écoule, mais qu'elle ne peut pas rester au même instant pendant que sa position change. Une particule virtuelle peut faire les deux, elle peut se déplacer *de côté* dans le temps si elle en a besoin.

— Cela me paraît franchement insolite, dit Alice. Je ne suis pas surprise que des particules réelles en soient incapables et se déplacent seulement du passé vers le futur.

☞ note 2 p. 176

— Non, ce n'est pas tout à fait exact, dit le représentant, sur un ton d'excuses. Il est vrai que la plupart des particules se déplacent du passé vers le futur, comme vous le dites. Cependant, la plupart des particules deviennent un peu virtuelles à l'occasion, pendant une collision par exemple. Dans ce cas, il est possible qu'une particule réelle retourne dans le passé. À un moment donné, elle avance dans le temps comme une particule respectueuse des lois, à un autre elle se trouve inversée et remonte le temps. Vous serez sans doute surprise de me l'entendre dire, mais un tel comportement est acceptable pour une particule réelle.

— Oh ! s'exclama brusquement Alice, faisant sursauter le représentant au milieu de son exposé si rigoureux. Je crois que j'ai compris ce qui m'est arrivé tout à l'heure. Quand j'ai traversé le parc, tout s'est mis à l'envers d'un seul coup et je n'ai pas compris pourquoi. Je me rends maintenant compte que ce n'étaient pas les papillons ou le ruisseau qui allaient à reculons, mais moi qui remontais le temps ! »

Alice raconta à son compagnon ce dont elle se souvenait de cet incident, et il fut d'accord avec son explication. « Cela me semble un cas tout à fait clair de production d'une antiparticule, dit-il.

— Une antiparticule ! s'exclama Alice. Je ne savais pas que j'avais quelque chose à voir avec elles. J'en ai vu à la banque Heisenberg, je m'en souviens, mais je ne vois pas ce qu'elles viennent faire ici.

— C'est pourtant incontestable », protesta le représentant, mais Alice ne trouvait pas du tout cela évident. Il continuait : « Voyons ! Vous savez bien qu'une particule qui remonte le temps apparaît aux yeux d'un observateur comme son exact opposé se déplaçant dans le sens normal du temps. Prenez un électron par exemple. Sa charge électrique est négative et donc, quand il se déplace du passé vers le futur, il emporte une charge négative vers le futur. Inversement, quand il se déplace vers le passé, il emporte cette charge négative du futur vers le passé, et cela apparaît comme une charge positive allant du passé vers le futur. Un observateur l'interprète comme un positron, ou antiélectron, allant vers le futur. La scène que vous avez vécue tout à l'heure est apparue au reste du monde comme un photon de très haute énergie ayant converti cette énergie en une paire formée d'une Alice et d'une anti-Alice. L'anti-Alice s'est déplacée jusqu'à sa rencontre avec une Alice, et les deux se sont annihilées mutuellement, convertissant leur énergie à nouveau en photons.

— C'est invraisemblable ! s'écria Alice avec stupeur. D'abord, comment cette anti-Alice aurait-elle pu trouver une seconde Alice avec qui entrer en collision et s'annihiler? Je suis la seule Alice, et je suis absolument certaine de n'être pas annihilée ! acheva-t-elle d'un air de défi.

— Sans doute, sans doute, mais je vous ai décrit la scène telle qu'elle est apparue aux yeux du monde. Pour vous, les choses se sont passées très différemment. À vos yeux, l'annihilation s'est passée avant la création, évidemment.

— Je ne vois pas ce qu'il y a d'évident ! rétorqua sèchement Alice. Comment quelque chose peut-il être annihilé *avant* d'être créé ?

— Eh bien, c'est le cours normal des choses pour celui qui remonte le temps. Si vous descendez le temps, vous vous attendez à voir une création précéder une destruction, n'est-ce pas ?

— Oui, bien entendu, répondit Alice.

— Eh bien alors, si vous *remontez* le temps, vous devez bien vous attendre à voir la création suivre l'annihilation, de votre point de vue. Par définition, vous observez la suite des événements dans l'ordre inverse, après tout. J'aurais cru que vous auriez compris cela toute seule. Vous marchiez tranquillement avec le mécanicien quantique et vous avez brutalement rencontré cette anti-Alice. Du point de vue de votre compagnon, vous avez été détruite en même temps que l'anti-Alice, et votre énergie de masse a été emportée par des photons de haute énergie.

— Oh ! Et ce pauvre mécanicien, s'apitoya Alice. Il doit maintenant s'imaginer que j'ai été détruite. Où puis-je le retrouver pour le rassurer ?

— Oh, ne vous faites pas trop de soucis à son sujet, la réconforta le représentant. Le mécanicien quantique est parfaitement au courant des annihilations particule-antiparticule, et il a sûrement compris que vous étiez partie remonter le temps. Il s'attend probablement à vous rencontrer un peu plus tard, ou un peu plus tôt, selon la durée de votre voyage à reculons. Quoi qu'il en soit, le processus d'annihilation vous a transformée en une anti-Alice remontant le temps jusqu'à sa création. Et cette création a été provoquée, en même temps que celle d'une Alice, par un photon énergique. C'est ainsi du moins que les choses sont apparues à un témoin quelconque, mais, vous, vous avez simplement eu l'impression soudaine que vous ne remontiez plus le temps mais repartiez dans le sens habituel. Vous n'avez pas pu voir le photon responsable parce qu'il a cessé d'exister à l'instant où vous avez inversé votre voyage dans le temps, et que votre paire Alice et anti-Alice se trouvait dans un futur qu'il n'a jamais atteint. »

Il poursuivit : « Vous comprenez maintenant qu'un observateur ait pu voir à un moment trois Alice, ou plus exactement deux Alice et une anti-Alice. Mais en réalité, elles étaient toutes les trois vous-même. Quand vous avez reculé dans le temps, vous avez revécu le même intervalle de temps que vous aviez déjà vécu en compagnie du mécanicien quantique. Et quand la création de paire vous a renvoyé dans le sens normal du temps, vous avez revécu une troisième fois le même intervalle de temps, cette fois-ci en avançant dans le temps.

« Cette partie de votre vie, continua-t-il, ressemble à une route en lacets à flanc de montagne qui grimperait d'abord vers l'est, puis tournerait soudain vers l'ouest avant de repartir vers l'est. Si vous escaladiez directement cette montagne en grimpant tout droit, vous pourriez croire que vous avez traversé trois routes différentes, alors qu'en fait vous avez traversé trois fois la même route. C'est un peu ce qui se passe avec la production des antiparticules. Une antiparticule est une section de route qui va en sens inverse. »

À ce moment précis, un bourdonnement sortit du casque et une petite diode verte s'alluma sur le côté de la visière. « Ah, je crois que le casque est assez rechargé pour une seconde démonstration, dit le représentant. Si vous regardez avec attention, vous pourrez cette fois observer des effets du second ordre. »

Il régla quelque chose sur le côté du casque et le paysage s'embruma à nouveau…

Quand le brouillard se dissipa, le paysage était parcouru par un immense réseau de lignes de photons. En regardant attentivement, Alice se rendit compte que certaines des lignes étincelantes s'interrompaient à divers endroits : des sortes de boucles s'intercalaient dans le fil brillant. C'était difficile à voir nettement, mais le photon semblait se changer soudain en une paire électron-positron. La paire se recombinait presque immédiatement pour reconstituer le fil du photon, qui allait se rattacher à un électron réel.

En examinant la boucle avec plus d'attention, Alice put tout juste distinguer un autre photon en train de quitter l'électron de la boucle, et lui aussi parut se dissocier en une nouvelle boucle électron-positron, d'où partaient de nouveaux photons. En se concentrant, Alice arrivait à discerner de nouvelles boucles sur ces photons. Elle ne cessait d'identifier des photons créant des boucles électron-positron, et des électrons et des positrons émettant des photons qui créaient de nouvelles paires. Cela semblait continuer à l'infini, mais devenait de plus en plus faible et indistinct à chaque nouveau niveau de complexité. Alice, plissant les yeux pour plonger plus loin dans cette série, était prise de vertige. La fin fut brutale, le casque fit entendre un bourdonnement, un « clonk », et tout le paysage s'effaça.

« Je croyais que vous aviez dit que les électrons étaient reliés par des échanges de photons, dit-elle d'un ton accusateur. Mais je suis sûre d'avoir vu des électrons parmi les particules virtuelles. Des quantités d'électrons pour être précise.

— Oh, oui, sans doute. Les électrons réels sont les sources du champ électrique, ou plus exactement les charges électriques qu'ils transportent créent ce champ. La seule chose à laquelle s'intéressent les photons, c'est la charge électrique et, chaque fois qu'il y a une telle charge, vous voyez un nuage de photons traîner autour. Si une autre charge se trouve dans les parages, ces photons sont prêts à passer de l'une à l'autre, et ils produisent une force entre les charges. Les particules échangées doivent être créées avant d'être échangées, et elles sont détruites au terme de l'échange. Leur nombre n'est donc pas conservé, et, par conséquent, ces particules doivent être des bosons. »

Il poursuivit : « La relation entre photons et électrons n'est pas à sens unique. Les particules chargées produisent des photons et les photons veulent donc produire des particules chargées. Mais ils ne peuvent pas créer juste une particule chargée, car la quantité totale de charge électrique ne peut pas varier. C'est une de nos règles, et celle-ci ne tolère aucune incertitude. Ce que les photons peuvent faire, dans ce cas, c'est produire simultanément un électron et un positron. L'un a une charge négative, l'autre une charge positive, et le total des charges de l'univers ne bouge pas. C'est ce que vous avez vu : les photons virtuels produisent des paires virtuelles électron-positron qui s'annihilent ensuite pour redonner un photon. Mais, durant leur courte vie, ces électrons et ces positrons sont chargés et peuvent donc produire d'autres photons, qui, à leur tour, peuvent produire d'autres paires électron-positron, et ainsi de suite.

— Grands dieux ! s'exclama Alice. Cela me paraît d'une complication inouïe. Où cela s'arrête-t-il ?

— Oh, nulle part. Cela continue indéfiniment, en devenant de plus en plus compliqué. Mais la probabilité qu'un électron produise un photon, ou qu'un photon produise une paire électron-positron, est très faible. Donc, plus une amplitude est compliquée et plus sa probabilité diminue. Vous avez dû voir que les plus compliquées deviennent imperceptibles. »

Alice sentait sa tête tourner tandis qu'elle essayait de suivre ce que lui expliquait le représentant et de le relier à ce qu'elle avait vu. « Eh bien, je dois dire en toute sincérité que je n'avais jamais rien vu de semblable.

— C'est bien possible, rétorqua le représentant. Ce que vous avez vu ici serait considéré comme *rien* ailleurs. Je suis toutefois très étonné que vous ayez réussi à *rien* voir avant de venir ici.

Il n'y a pas que les photons qui peuvent être créés. C'est également possible pour des électrons, à ceci près qu'ils doivent être produits en compagnie de leurs antiparticules pour assurer la conservation de la charge électrique totale. De l'énergie est nécessaire pour créer l'énergie de masse de ces particules, et cette énergie est brièvement disponible grâce aux fluctuations quantiques. Ces fluctuations sont possibles même si aucune énergie n'est initialement disponible, et les particules sont littéralement créées à partir de rien. L'espace « vide » est en réalité un océan bruissant de paires particule-antiparticule.

— Ce n'est pas vrai ! s'indigna Alice. Je n'ai sans doute pas beaucoup voyagé, mais je vous prie de croire que j'ai déjà vu *quelque chose* avant d'arriver ici.

— Je n'en doute pas, répondit le représentant. Je suis certain que vous venez d'un endroit charmant, mais il est assez facile de voir *quelque chose*, vous savez. Il est bien plus difficile de voir *rien*. Je ne sais pas comment vous avez pu y parvenir sans l'aide de mon casque de réalité virtuelle.

— Un instant, coupa Alice, qui commençait à comprendre qu'ils ne parlaient pas de la même chose. Pourriez-vous me préciser ce que vous appelez *rien* ?

— Oui, bien sûr. Je veux dire *rien* : l'absence complète de toute particule réelle. Vous savez bien, le rien, le néant, le vide, appelez-le comme vous voulez. »

Alice était effarée par l'extension de ce concept négatif. « Mais comment serait-ce différent à travers votre casque ? J'aurais cru que le vide serait vide quelle que soit la manière de l'aborder.

— Mais non, il existe une grande différence, suivant la manière de l'aborder. Le vide n'est sans doute pas le voisinage le plus fréquentable, mais il recèle beaucoup de mouvements et d'activités. Venez voir par vous-même. »

Le représentant partit d'un pas vif, et Alice avait de plus en plus de mal à croire qu'elle se trouvait à l'intérieur d'un bureau, ou même d'un bâtiment quelconque, tant il semblait immense. Ils marchèrent quelque temps, et Alice trébuchait sous le poids du casque et du câble qui s'allongeait derrière elle. « Je me demande quelle est la longueur de ce câble, on devrait bientôt arriver au bout », songeait-elle.

Les *Résidences périodiques*, où elle avait regardé les électrons sauter d'un niveau à l'autre, furent bientôt hors de vue derrière eux, et ils continuaient à avancer. Alice allait demander une pause, quand ils arrivèrent sur la rive d'un lac, ou peut-être d'un océan particulièrement calme. Elle vit en approchant que, s'il s'agissait d'un lac, il était vraiment très grand. Il s'étendait devant eux aussi loin que portait le regard. S'il s'agissait d'un océan, le paysage maritime était le plus surprenant qu'Alice eût jamais contemplé. La mer était très calme, absolument immobile à part un très léger frémissement imperceptible près de la surface. Elle n'était pas bleue, ni verte, ni grise, ni d'aucune couleur qu'Alice ait déjà vue pour de l'eau. Elle était incolore, comme une nuit claire, sans étoiles.

« Qu'est-ce que c'est ? demanda Alice, pétrifiée par le vide immense qui s'étendait devant elle.

— Rien, répondit le représentant. C'est le rien, le néant, le vide ! Bon, laissez-moi allumer le casque et vous pourrez observer l'activité du vide. »

Il manipula à nouveau quelque chose et la vue qu'avait Alice du vide s'embruma…

Quand la brume se dissipa, la scène ressemblait beaucoup à ce qu'elle avait déjà observé dans le casque. Elle vit de nouveau un réseau de lignes scintillantes. Cette fois pourtant, les lignes n'aboutissaient pas à des électrons réels, ces électrons qui lui avaient paru englués dans la toile mais qui en étaient, en réalité, la source. Il n'y avait plus de particules réelles, mais uniquement des particules virtuelles, des photons créant des paires électron-positron, des électrons et des positrons créant de nouveaux photons. Le paysage était presque le même, mais auparavant le réseau prenait sa source dans les électrons réels qui l'ancraient dans la réalité. Quelle en était maintenant la source ? Les paires électron-positron étaient produites par les photons, les photons par les paires électron-positron, qui étaient produites par les photons… Alice essaya de démêler l'enchevêtrement pour remonter aux sources, mais elle se rendit compte qu'elle tournait toujours en rond. Elle pensa qu'elle s'était perdue en chemin et essaya de suivre les lignes avec plus d'attention, quand le bourdonnement familier se fit à nouveau entendre, suivi d'un « clonk » sourd, et la scène disparut.

Alice expliqua au représentant ce qu'elle avait vu et la difficulté qu'elle avait eue à déterminer quelles particules créaient les autres.

« Je n'en suis pas surpris, lui dit-il. Elles se créent toutes les unes les autres, vous savez. C'est comme la poule et l'œuf, avec la complication qu'elles pondent et qu'ils éclosent simultanément.

— Comment est-ce possible, demanda Alice. Il doit bien y avoir une source, elles ne peuvent pas venir de nulle part. »

La réponse arriva promptement : « Non seulement elles le peuvent, mais elles le font. La seule chose qui empêche la production de paires électron-positron, d'habitude, c'est la nécessité de fournir l'énergie nécessaire à la masse des particules. Les particules virtuelles ne respectent même pas cela, tout cela n'est qu'une vaste fluctuation quantique.

— Tout est donc réel ? demanda Alice. Toutes ces particules sont réellement là ?

— Oui, elles sont tout à fait réelles. Non pas, bien sûr, dans le sens technique de particules *réelles*, mais elles représentent une partie du monde aussi vitale que tout le reste. Je pense que vous avez assez utilisé le casque à présent, continua-t-il en enlevant le lourd engin de la tête d'Alice. Vous n'en aurez plus besoin, et je vais enclencher le rembobinage du câble. » Il appuya sur un bouton et le casque commença à enrouler le câble en se hissant sur lui, détalant sur le sol comme une araignée mécanique jusqu'à ce qu'il disparaisse hors de vue.

Le casque était parti, mais Alice avait encore les yeux pleins des visions merveilleuses qu'elle avait eues, et elle les revoyait en esprit tandis qu'elle marchait en silence le long du rivage du Vide infini.

Notes

1. À l'intérieur des atomes, les états permis pour les électrons sont largement espacés et les électrons ne peuvent occuper que ces niveaux. Un électron ne peut quitter un de ces états qu'en en rejoignant un autre qui soit vacant. Dans ce cas, son énergie change d'une quantité déterminée, correspondant à la différence entre les niveaux d'énergie des deux états.

Un atome dans son état normal, appelé état fondamental, possède tous les niveaux d'énergie les plus bas occupés par des électrons et les états d'énergie supérieure sont le plus souvent vides. Quand un électron excité quitte sa position initiale, il arrive dans l'un de ces états vacants d'énergie supérieure, à moins qu'il ne quitte complètement l'atome.

Un électron excité vers un niveau supérieur peut retomber vers un niveau d'énergie plus basse si un état vacant est disponible. Comme l'électron descend vers un état de plus basse énergie, il doit se défaire de son excédent d'énergie, et il le fait normalement en émettant un photon.

C'est de cette façon que les atomes émettent de la lumière. Comme les électrons occupent tous des états d'énergie définie à l'intérieur de l'atome, les photons émis possèdent nécessairement une énergie égale à la différence d'énergie entre l'état initial et l'état final de l'électron. Cela laisse beaucoup de possibilités, mais cela restreint quand même les énergies que possède un photon.

Comme la fréquence de la lumière, et donc sa couleur, est proportionnelle à l'énergie des photons, le spectre de la lumière émise par un atome est formé d'un ensemble de

« raies » colorées à des fréquences bien précises.
Chaque type d'atome possède ainsi un spectre très personnel. La physique classique ne peut donner aucune explication de ces spectres.

2. Les particules virtuelles possèdent un flou certain, à la fois en temps et en énergie, qui se manifeste par des fluctuations quantiques. Les particules se comportent comme si elles disposaient de plus, ou de moins, d'énergie qu'elles ne devraient.
Ces fluctuations apparaissent aussi comme une incertitude en temps, et, dans un système quantique, les particules semblent se trouver en deux endroits en même temps (ou plus exactement elles ont des amplitudes qui le laissent croire).
Les particules peuvent même remonter le temps. Le physicien Richard Feynman définissait les antiparticules comme des « particules remontant le temps ». Cela justifiait que les propriétés des antiparticules soient l'inverse de celles des particules : une charge électrique négative qui remonte le temps est équivalente à une charge positive qui descend le cours du temps. Un électron négatif voyageant vers le passé apparaît comme un positron positif, son antiparticule. Toutes les particules ont des antiparticules, ce qui est normal s'il s'agit de la même particule avec un comportement différent.

Chapitre septième

Les atomes dans le vide

Alice marchait avec le représentant en états au bord du vide, contemplant la mince surface frémissante agitée par l'incessante activité des particules virtuelles qui naissaient et disparaissaient sans fanfare.

À quelque distance du rivage, Alice vit un remous à la surface, une sorte de dépression circulaire plus profonde que le niveau moyen. Un peu plus loin, Alice en vit plusieurs autres, souvent rassemblées en groupes. Certains groupes étaient réduits et ne comportaient que deux de ces dépressions circulaires, d'autres davantage. Elle vit un groupe composé d'un anneau formé de six de ces objets disposés en cercle, auquel d'autres se rattachaient par l'extérieur. Dans le lointain, elle vit d'énormes rassemblements qui s'étalaient à la surface. Le plus grand semblait contenir des centaines de ces dépressions.

Elle remarqua des photons s'élevant par intermittence de certaines des formes qui s'étalaient devant elle. Les photons aux couleurs brillantes évoquaient des fusées lancées par des navires en mer.

Le représentant suivit la direction de son regard. « Je vois que vous admirez les atomes qui voguent dans le vide. Ce sont les atomes qui nous apportent la plupart de nos affaires, dans le commerce des états électroniques, vous savez, directement ou indirectement. Vous voyez là les associations moléculaires qu'ils ont fondées entre eux. Cela va des petites entreprises à deux atomes aux vastes conglomérats organiques. Chaque type différent d'atome se caractérise par un spectre de couleurs personnel pour les photons qu'il émet, et ces photons permettent ainsi d'identifier les différents types d'atomes. »

☞ note 1 p. 200

« Je me demandais ce qu'étaient toutes ces choses, reconnut avec candeur Alice. Je les vois mal d'ici, pourrait-on s'en approcher ?

— Pour voir les atomes de plus près, il faudrait aller vers les jetées de Mendeleïev. Vous y verrez tous les modèles d'atomes en exposition, et tous les éléments rangés dans l'ordre. »

Le représentant conduisit Alice le long du rivage jusqu'à une longue jetée très étroite qui s'avançait loin au-dessus du vide. Une arche en marquait l'entrée et une inscription au sommet annonçait :

Quai périodique
Propriété de D.I. Mendeleïev
Fondé en 1869

« Nous y voilà, dit le représentant. Ici, les atomes sont amarrés à quai avant de partir former les différents composés chimiques. Nous appelons souvent cet endroit la *Marina Mendeleïev* ou le *Quai atomique.* Certains parlent même du *Quai de l'univers.* Tous les types d'atomes sont représentés ici. »

Ils passèrent sous l'arche et avancèrent sur la jetée. Ils se promenaient lentement le long du mouillage, tandis qu'Alice examinait la longue ligne d'atomes amarrés sur un des bords. Chacun lui apparaissait comme une dépression en entonnoir sur la surface horizontale du vide. Leur forme lui rappelait les tourbillons qui se forment près de la bonde quand on vide une baignoire, à cela près qu'ils étaient immobiles, sans trace de rotation. La surface lisse de néant descendait doucement dans chaque creux depuis le niveau horizontal qui les entourait. La pente, imperceptible au début, devenait de plus en plus accusée en se rapprochant du centre, où des traces d'activité se manifestaient.

« Pourquoi ces puits sont-ils si profonds ? demanda Alice avec curiosité. Puisque nous regardons le néant, je m'attendrais à ce que tout soit plat et sans rien qui ressorte.

— C'est un puits de potentiel. » Telle fut la réponse, laconique.

« Un puits de quoi ? insista Alice. Je connais les puits dont on tire l'eau dans les jardins, les puits de pétrole, et j'ai un vague souvenir d'un puits de mélasse évoqué dans un livre que je viens de lire, mais que trouve-t-on dans un puits de potentiel ?

— Une source de potentiel, pardi ! Il faut bien une source pour apporter l'eau au puits de votre jardin. Eh bien, ici, une charge électrique est la source du potentiel électrique dans un puits de potentiel. Vous devriez

bien savoir maintenant ce qu'il y a dans le puits : des photons virtuels. Ils fournissent l'attraction électrique qui rend l'énergie potentielle d'une charge négative de plus en plus basse en dessous du vide environnant quand on s'approche de la source de potentiel au centre de l'atome. C'est la source de potentiel qui crée le puits, vous savez. »

Le premier puits n'était pas très profond, mais Alice se rendit compte que les suivants l'étaient de plus en plus au fur et à mesure que l'on avançait le long de la jetée. L'appontement s'étendait très loin, avec des atomes régulièrement amarrés tout du long. À la hauteur de chacun d'eux, un petit repère marquait chaque position. Alice lut ^{1}H sur le premier repère, ^{2}He sur le second, ^{3}Li sur le suivant. Les marques étaient toutes différentes. Alice demanda :

« Ces atomes vont-ils tous partir d'ici pour se combiner avec d'autres comme ceux qui sont déjà à la surface du vide ?

— La plupart le feront sûrement, mais certains ne s'associeront pas, comme celui-ci par exemple. »

Ils s'étaient arrêtés à côté d'un atome, près d'un panneau marqué ^{10}Ne. Le représentant expliqua : « Lui, c'est un atome de gaz noble. Ces aristocrates refusent de se lier en aucune manière, et ils n'aiment pas la compagnie. La vie qu'ils mènent les rend parfaitement heureux et ils ne se mélangent avec personne. Vous les verrez toujours se déplacer en solitaires et ils n'entrent jamais dans aucune association. »

Ils continuaient à avancer, et le représentant expliqua que, même en dehors des atomes « nobles », très élitistes, les atomes manifestaient un enthousiasme extrêmement variable quand il s'agissait de s'associer en composés. « Lui, par exemple, est particulièrement actif et entreprenant », souligna-t-il tandis qu'ils passaient devant une pancarte indiquant ^{37}Cl.

Alice jugea qu'il était temps d'examiner ces atomes de plus près, aussi avança-t-elle le pied au bord de la jetée. À sa grande joie, il ne s'enfonça pas, mais creusa simplement une petite cuvette sur la surface, un peu

Les états que peuvent occuper les électrons dans un atome se rassemblent souvent en séries de niveaux rapprochés séparés par des intervalles d'énergie importants.
Si le dernier niveau occupé par des électrons est entièrement rempli, tout électron supplémentaire doit aller occuper un état d'énergie supérieur. L'atome aura alors une énergie très supérieure à celle qu'il aurait eue en restant dans son état atomique initial.
Les atomes de ce genre, dont les niveaux externes sont entièrement remplis d'électrons, n'interagissent pas avec les autres atomes, et ils forment les « gaz nobles ».

comme les insectes qu'elle avait vus marcher sur l'eau de la mare près de chez elle. Quand elle voulut s'approcher d'un atome, elle découvrit cependant qu'il n'y avait aucune friction dans le vide. La surface était *extrêmement* glissante, et elle était incapable de rester en équilibre. Avec un petit cri, elle glissa le long de la pente de plus en plus raide et tomba dans les profondeurs du puits.

Pendant sa chute, Alice découvrit qu'elle avait tout le temps de regarder autour d'elle. Les parois du puits se rapprochèrent et devinrent de plus en plus verticales, et Alice remarqua vite qu'elle tombait à travers une série de pièces fantomatiques aux plafonds très rapprochés. Les premières pièces étaient très basses de plafond, en vérité, à peine dignes d'une maison de poupée, mais les suivantes avaient des plafonds de plus en plus hauts. Au début, toutes les pièces étaient

Un atome assure sa cohésion grâce au champ électrique engendré par le noyau chargé positivement. Cette charge engendre un puits de potentiel autour du noyau, et ce puits définit à son tour les états disponibles pour les électrons.
La détermination des états est analogue à un processus d'interférence, comme celle des notes que l'on peut obtenir à partir d'un tuyau d'orgue ou d'une corde de violon. Un tuyau d'orgue ne peut produire que certaines notes, celles dont la longueur d'onde est contenue un nombre entier de fois dans la longueur du tuyau.
De la même manière, les états électroniques permis « tiennent » dans le puits de potentiel. Ces états possibles se regroupent en niveaux d'énergie distincts. Toute fonction d'onde qui ne correspond pas à l'un de ces états est éliminée par une interférence destructrice.

vides, mais elle finit par traverser une pièce contenant une grande table ronde entourée de sièges. Puis, dans les pièces situées en dessous, elle vit des bureaux et des classeurs, comme dans une administration.

Le temps passait, et Alice, à sa grande surprise, tombait toujours plus bas, sans qu'aucun signe n'indique que le fond se rapprochait. Cette chute n'aurait-elle donc jamais de fin ?

Alice se rendit compte peu à peu que sa chute n'aurait *pas* de fin. Elle n'était pas arrivée au fond du puits, mais elle ne tombait plus. Elle flottait dans l'air, au centre du puits et au milieu de l'une des pièces fantomatiques. Elle regarda autour d'elle et s'aperçut qu'elle n'était pas seule. Elle distinguait la forme vague d'un minuscule bureau encombré et, près d'elle, deux électrons semblaient pris d'une activité frénétique. « Excusez-moi, leur demanda-t-elle. Pourriez-vous vous arrêter un instant et me dire où je suis ?

— Pas de place, pas de place ! s'exclamèrent-ils.

— Je vous demande pardon, que voulez-vous dire ? répondit Alice, interloquée, ne voyant pas le rapport avec sa question.

— Nous n'avons pas la place ici de ralentir, et encore moins de nous arrêter, répondirent-ils. Vous savez bien que si la position d'une particule est restreinte, la relation de Heisenberg l'oblige à avoir une grande impulsion. Il y a si peu de place ici que nous n'avons pas d'autre choix que de nous déplacer très vite. Si nous avions autant de place que certains dans les niveaux supérieurs, nous pourrions nous permettre de nous déplacer plus tranquillement, mais pas ici. Nous sommes au niveau le plus bas, aussi devons-nous nous soumettre à une intense activité.

— Vraiment ? demanda Alice. Et que faites-vous de si important ?

— Nous ne faisons rien de particulier. Personne ne

s'intéresse à ce que font les électrons du niveau fondamental, du moment qu'ils se déplacent sans cesse.

— Alors, pourriez-vous me dire où je suis, sans vous arrêter, s'enquit Alice. Je ne sais pas où je suis. Qu'est-ce qui nous empêche de tomber plus bas dans ce puits ?

— Vous êtes au plus bas niveau d'énergie d'un atome de chlore, nous vous l'avons déjà dit. Nous sommes ici si près de la source du potentiel qu'il y a très peu de place et que nous sommes obligés de nous déplacer très vite, puisque notre impulsion est nécessairement élevée. En conséquence, notre énergie cinétique est aussi très élevée. Vous voyez que nous ne sommes virtuels ni l'un ni l'autre. Les électrons ont des situations stables dans les atomes, avec des baux excellents. La plupart des atomes sont là depuis longtemps et leurs fluctuations quantiques sont faibles. Par conséquent, notre énergie est correctement reliée à notre impulsion. Vous savez sans doute que lorsqu'un électron, ou tout autre chose, tombe dans un potentiel, il perd de l'énergie potentielle et la convertit en énergie cinétique.

— Oui, on m'a expliqué cela lors de ma visite à la banque Heisenberg, acquiesça Alice.

— Ici, dans ce puits de potentiel, quand nous nous approchons du centre, il y a de moins en moins de place et nous avons besoin de plus en plus d'énergie cinétique. Si nous nous approchions davantage, il nous en faudrait plus que nous ne pouvons en obtenir par conversion de l'énergie potentielle : nous ne pouvons donc pas aller plus près. C'est assez paradoxal en fait : nous n'avons pas assez d'énergie pour tomber plus bas, et nous ne pouvons pas emprunter cette énergie lors d'une fluctuation quantique parce que nous en avons besoin pour une longue durée.

Il n'y a que deux états à ce niveau, poursuivirent-ils, et donc seulement de la place pour deux électrons, l'un avec un spin vers le haut et l'autre vers le bas. Davantage d'états sont disponibles en montant vers les niveaux supérieurs, vous y trouverez donc plus d'électrons. Les deux niveaux au-dessus de nous peuvent contenir huit électrons chacun. Dans tous les atomes, les niveaux les plus bas, ceux qui ont l'énergie potentielle la plus basse, sont les premiers remplis. Le principe de Pauli n'autorise qu'un électron par état, par conséquent, lorsque tous les états d'un niveau sont déjà occupés par un électron, les suivants sont bien obligés de s'installer dans les niveaux supérieurs. Les niveaux sont ainsi remplis à partir du bas, jusqu'à ce que tous les électrons soient installés. Le plus élevé des états contenant des électrons est appelé le *niveau de valence.* C'est là que sont installés les électrons de valence, même si des états vacants restent disponibles au-dessus. Ce sont les électrons de valence qui prennent toutes les décisions et décident des composés auxquels notre atome participe. Si vous voulez en savoir davantage sur le fonctionnement d'un atome, nous vous suggérons d'aller leur parler.

☞ note 2 p. 201

— D'accord, mais comment m'y rendre ? demanda Alice.

— Eh bien, si vous étiez un électron, vous devriez attendre ici d'être excité par un photon qui vous donnerait l'énergie indispensable. Dans votre cas, je pense que vous pourriez faire appel à l'opérateur d'échelle.

— Vous voulez parler de l'opérateur de l'ascenseur ? s'enquit Alice. Je suis déjà montée dans l'ascenseur d'un grand magasin, et il y avait un opérateur qui conduisait les clients d'un étage à l'autre, mais je n'ai jamais entendu parler d'une échelle qui en ait eu besoin. »

En regardant autour d'elle, elle vit pourtant une sorte d'échelle aux barreaux très écartés, à côté de laquelle se tenait un personnage flou. « Puis-je vous savoir qui vous êtes ? demanda Alice avec curiosité.

— Je suis l'opérateur d'échelle. Je ne suis pas une créature physique mais seulement une construction mathématique. Mon travail consiste à faire passer un système d'un état d'énergie à un autre. »

Il effectua une opération complexe qu'Alice ne comprit pas du tout, mais qui eut pour résultat de lui faire monter l'échelle, barreau après barreau, jusqu'au dernier niveau occupé.

Alice arriva ainsi au niveau où elle avait vu la grande table ronde. Les électrons étaient plus nombreux ici qu'au niveau fondamental, et Alice en compta, avec difficulté, huit. Comme tous les électrons qu'elle avait rencontrés, ils se déplaçaient en tous sens avec beaucoup d'énergie. Plusieurs d'entre eux faisaient le tour de la table, les uns dans un sens et les autres en sens inverse. Quant aux autres, s'ils ne tournaient pas, ils étaient quand même très agités : pas un ne restait sagement assis, ils sautaient tous comme des cabris et certains grimpaient même sur la table. Aucun électron ne demeurait tranquille, même s'ils ne bougeaient pas avec la même frénésie que leurs collègues du niveau fondamental.

« Bonjour Alice ! s'écrièrent-ils quand elle arriva. Venez ! Nous allons vous montrer comment fonctionne un atome fiable de taille moyenne. La manière dont la Société du chlore mène ses affaires est décidée ici-même par nous, les sept électrons du niveau de valence.

— Mais vous êtes huit ! protesta Alice.

— Oh, c'est parce que nous avons un contrat avec un autre atome, le Consortium du sodium, pour former une molécule de chlorure de sodium. Quand nous travaillons ainsi la main dans la main, nous nous flattons d'être le sel de la terre. Un atome fonctionne bien plus harmonieusement quand tous les niveaux qui contiennent des électrons sont entièrement remplis. Le sodium n'a qu'un seul électron dans son niveau de valence et, de notre côté, nous ne sommes que sept alors que nous aurions de la place pour huit. Cela nous arrange donc tous que l'électron de valence du sodium nous rejoigne sur notre niveau de valence et complète notre conseil d'administration. Bien sûr, cela signifie que nous avons un électron excédentaire, donc une charge négative. Inversement, l'atome de sodium a un électron de moins, donc une charge positive. Et c'est justement l'attraction électrique entre ces charges opposées qui assure la cohésion des deux atomes. Cela s'appelle une *liaison ionique* entre atomes, et c'est une des formes les plus courantes d'association entre atomes.

— La coopération semble parfaitement profitable aux deux parties, acquiesça poliment Alice. Lequel d'entre vous est l'électron venu de l'atome de sodium ?

— C'est moi ! » crièrent-ils tous d'une seule voix. Ils se turent un instant, se regardèrent et reprirent : « Non, c'est lui ! » dirent-ils, toujours en parfait unisson. Alice se rendit compte qu'il était inutile de chercher à distinguer des électrons absolument identiques.

« Pourriez-vous m'expliquer pourquoi l'atome de sodium avait une charge positive après avoir perdu un de ses électrons ? J'imagine qu'il lui reste beaucoup d'autres électrons, qui ont certainement des charges négatives eux aussi.

— C'est parfaitement juste. Nous, les électrons, avons tous la même charge négative, puisque nous sommes tous identiques. Mais, normalement, cette charge négative est équilibrée dans un atome par la charge positive du noyau. Les atomes sont donc en général électriquement neutres, sans charge électrique apparente. Vous comprenez donc qu'un atome qui possède un électron de plus que d'habitude a une charge totale négative : on l'appelle un *ion négatif.* S'il possède un électron de moins, la charge positive du noyau l'emporte et l'atome devient un *ion positif.*

— Je vois, dit pensivement Alice. Mais quel est ce noyau dont vous parlez ?

— Tous les atomes en possèdent un, répondirent-ils de manière évasive. Mais personne ne souhaite tellement savoir de quoi il s'agit au juste. Non, personne ! » dirent-ils un peu nerveusement.

La conversation fut alors interrompue par un faible cri provenant des niveaux inférieurs, qui traversa le niveau de valence tout près d'eux et s'arrêta quelque part au-dessus. Alice leva les yeux et vit qu'il s'agissait d'un électron, probablement excité par un photon depuis un des niveaux inférieurs et qui se tenait maintenant, inconfortablement isolé, dans l'un des niveaux vacants au-dessus d'eux. L'électron vagabonda quelque temps au ralenti sur le niveau supérieur, puis poussa un cri bref, vacilla et tomba au niveau du dessous. Un photon s'échappa aussitôt de l'atome, emportant l'énergie libérée par la chute. Alice regarda avec intérêt les chutes successives de l'électron, d'un niveau au suivant, et l'émission d'un photon lors de chaque saut. Comme les niveaux étaient de plus en plus écartés au fur et à mesure de la descente, chaque chute était plus importante que la précédente et le photon émis emportait à chaque fois plus d'énergie. La couleur de la lumière émise devenait ainsi progressivement très bleue.

En regardant en dessous d'elle, Alice vit que la place libérée par l'électron au niveau inférieur était maintenant occupée, mais qu'un de ses compagnons du niveau de valence avait disparu. Il ne fallut que très peu de temps à l'électron venant d'en haut pour arriver au niveau de valence et occuper la place libre. L'atome était dorénavant revenu à son état initial. Deux électrons avaient permuté leurs places, mais cela ne changeait absolument rien puisqu'ils étaient identiques.

☞ note 3 p. 202

« Vous avez sans aucun doute remarqué toutes les couleurs que j'ai émises », dit fièrement l'un des électrons. Cette remarque pouvait laisser penser que c'était l'électron qui venait d'arriver qui parlait, mais Alice avait maintenant une trop longue expérience de la parfaite identité des électrons pour tomber dans ce piège. « C'est ainsi que les atomes émettent de la lumière, au moment où les électrons tombent d'un niveau à un autre. Les photons ont une énergie différente, donc une couleur différente, parce que tous les niveaux ont un espacement différent. Ils sont très proches les uns des autres en haut du puits, mais s'écartent de plus en plus au fur et à mesure de la descente. Comme la suite de ces espacements n'est pas la même pour des atomes de genres différents, la série des énergies des photons émis par un atome est caractéristique de cet atome, comme de véritables empreintes digitales. »

Les huit électrons s'étaient à peine installés, autant qu'il leur était possible étant donné leurs continuels mouvements frénétiques, qu'un tremblement sembla traverser tout l'atome.

« Qu'est-ce que c'est ? s'écria Alice, alarmée.

— Juste une interaction banale. Nous avons quitté notre associé sodium, et nous dérivons dans le vide comme un ion négatif libre. Mais ne vous inquiétez pas. Je ne pense pas que nous allions très longtemps ainsi à la dérive. Nous serons vite de retour aux affaires si la Bourse nous est favorable.

— De quelle Bourse parlez-vous ? s'enquit Alice. Vous voulez dire la Bourse des valeurs ? Je crois que c'est elle qui contrôle les affaires dans mon propre monde.

— Pour nous, il s'agit de la Bourse aux électrons. Toutes nos activités sont, en dernier ressort, contrôlées par les interactions des électrons, c'est donc la Bourse aux électrons qui importe. Peut-être aimeriez-vous la visiter ?

— Oh, oui bien sûr ! s'exclama Alice. Comment puis-je m'y rendre ? Est-ce loin d'ici ?

— Oh, non, pas du tout. En réalité, vous n'avez même pas à vous déplacer. Puisque vous êtes dans un atome en interaction, vous y êtes déjà, en quelque sorte. Vous avez juste besoin d'une représentation différente. Tout est dans la façon de considérer les choses, suivez-moi simplement. »

Comme l'électron le lui avait annoncé, ils ne se déplacèrent pas vraiment, mais Alice se retrouva néanmoins en sa compagnie à l'entrée d'une vaste pièce. Le parquet était couvert d'électrons serrés les uns contre les autres autour d'une grande table, au centre. Alice eut l'impression de se trouver dans l'un de ces vieux films de guerre où des généraux déplacent sur une grande table de petits jetons symbolisant les armées ou les flottes. Là aussi, elle vit un grand nombre de jetons que l'on déplaçait d'un groupe à l'autre.

Elle observa de plus près ces jetons, et découvrit qu'ils portaient les mêmes inscriptions que les panneaux sur la jetée du Quai périodique. En fait, en les regardant avec plus d'attention, elle n'était plus très sûre qu'il s'agissait de simples jetons. Ils ressemblaient à des versions miniatures des atomes qu'elle avait vus amarrés le long du quai. « Peut-être sont-ils les mêmes, se dit-elle. Ce sont peut-être les mêmes atomes, mais que je vois sous un angle différent. Je suppose qu'au lieu du Quai périodique, j'ai ici la Table périodique. »

Sur les murs, tout autour de la pièce, des rangées d'écrans affichaient des listes de nombres qui changeaient continuellement tandis que les atomes étaient déplacés de groupe en groupe.

« Est-ce que ce sont les prix des différents atomes qui apparaissent affichés là ? demanda Alice.

— Oui, en quelque sorte. Ces nombres nous indiquent les énergies des différents électrons qui participent aux combinaisons chimiques, c'est-à-dire les *énergies de liaison* des électrons. Un électron lié à un atome a une énergie plus basse que s'il était libre, et l'énergie de liaison mesure cet écart. Plus la valeur cotée est grande et plus l'énergie potentielle de l'électron est basse. L'association qu'il cimente est donc très stable et vouée au succès. L'objectif de la Bourse aux électrons est de rendre ces énergies de liaison aussi grandes que possible.

— Et tout cela s'obtient en déplaçant des électrons d'un atome à un autre ? demanda Alice, qui se souvenait des explications concernant la liaison ionique entre chlore et sodium.

— Non, pas toujours. C'est parfois la méthode la plus efficace, et à ce moment, l'association s'effectue par cette voie. La Bourse peut trouver son intérêt à déplacer les électrons d'un atome à l'autre quand les niveaux d'énergie disponibles, que nous appelons aussi des couches, sont très espacés dans un atome. Dans ce cas, l'énergie de liaison du dernier électron d'une couche est très supérieure à l'énergie de liaison du premier électron qui doit aller dans la couche suivante. Il existe donc une méthode simple pour améliorer le bilan d'énergie d'un atome qui n'a qu'un seul électron dans la couche la plus haute : si cet électron peut quitter son extravagant isolement pour aller remplir une couche plus basse dans un autre atome, le bilan est globalement positif et assure un gain net en énergie de liaison. »

L'électron poursuivit : « Il est tout aussi vrai que si un atome n'a plus qu'une seule place libre dans sa dernière couche occupée, l'énergie de cet état est anormalement basse. Si un électron vient l'occuper, il améliore le plus souvent son bilan d'énergie. En général, les atomes les plus actifs sont ceux qui ne possèdent qu'un électron dans leur dernière couche, ou à qui il ne manque qu'un électron à cette dernière couche. Ce sont eux qui participent le plus aux échanges et forment des associations. Les atomes qui n'ont que deux électrons dans la dernière couche, ou à qui il manque deux électrons dans cette couche, peuvent aussi prendre part à de tels transferts d'électrons, mais le gain est en général plus mince pour le second électron et la liaison moins durable.

— Bien, mais alors que peut faire un atome qui possède plusieurs électrons dans sa dernière couche ? demanda Alice, qui estimait devoir relancer la discussion.

— Un tel atome a alors recours à une forme différente d'association, la *liaison covalente.* Un atome comme le carbone, par exemple, possède quatre élec-

Si un atome ne possède qu'un seul électron dans sa dernière couche occupée, et qu'un seul électron manque à un autre atome pour compléter sa dernière couche, les deux atomes abaissent leur énergie totale en transférant l'électron isolé de l'un pour compléter le niveau de valence de l'autre.
Là réside la base de la chimie : les électrons dans leurs divers niveaux d'énergie soudent les atomes ensemble. Dans le détail, les mécanismes de la chimie peuvent, en pratique, devenir très complexes, mais, en principe, c'est tout ce qu'il faut savoir.
Un atome contient le nombre d'électrons nécessaire pour neutraliser la charge positive du noyau. Ces électrons remplissent les états de plus basse énergie de l'atome, un électron par état. Si un des atomes a un seul état vacant dans le plus haut niveau rempli et qu'un autre a un électron isolé qui doit aller occuper un état de plus haute énergie, l'énergie totale est réduite si cet électron va occuper l'état libre de l'autre atome. Les deux atomes ont alors chacun une charge électrique non nulle, et l'attraction électrique résultante les soude en un composé chimique, une molécule.

trons dans sa dernière couche : il a donc quatre électrons de trop pour que la couche soit vide, et il lui en manque quatre pour qu'elle soit remplie. L'équilibre est trop parfait pour qu'il gagne quoi que ce soit en recevant des électrons d'un autre atome, ou en lui en transférant. Alors, il les *partage*. Les électrons de deux atomes se trouvent dans une superposition d'états tels qu'ils peuvent être dans l'un ou l'autre atome, et, dans ce cas, l'énergie globale des deux atomes peut être minimale et cela lie ensemble les deux atomes. »

L'électron poursuivit son exposé : « La liaison ionique, dans laquelle un électron est entièrement déplacé d'un atome à l'autre, ne peut relier que des atomes très différents, dont l'un a un électron en trop et l'autre un électron en moins. La liaison covalente, quant à elle, peut relier des atomes du même type. L'exemple le plus remarquable en est la liaison covalente qui relie les atomes de carbone, la base des immenses Confédérations organiques. »

Alice sentit la respectueuse déférence qui s'empara des électrons qui manipulaient les jetons autour de la table à la mention des Confédérations organiques.

« Un atome de carbone possède quatre électrons dans son niveau de valence, poursuivit l'électron. Si chacun de ces électrons s'associe avec un électron d'un autre atome, les huit états électroniques participent à la superposition et le niveau est effectivement rempli. Un atome de carbone peut ainsi se lier à quatre autres atomes, qui peuvent aussi être des atomes de carbone. L'atome peut également associer deux de ses électrons avec deux électrons d'un autre atome, et former ainsi une liaison double. Dans ce cas, il se lie à un nombre d'atomes plus réduit, mais la liaison est plus solide.

La liaison ionique est la plus robuste, mais elle ne relie un atome qu'à un autre et ne peut ainsi former que de petites molécules. Quand deux électrons peuvent être transférés, la situation devient parfois plus complexe, mais, même dans ces conditions, elle n'est pas comparable à celles que peut établir le carbone avec quatre atomes, pouvant eux-mêmes se relier à plusieurs autres. C'est ainsi que les associations fondées sur le carbone peuvent conduire à d'énormes molécules organiques d'une grande complexité, pouvant contenir des centaines d'atomes. »

Alice demanda si tous les atomes qu'elle voyait pouvaient former des composés de la manière que décrivait l'électron.

« Oui, lui répondit-il. À l'exception des gaz nobles. Ceux-ci ont des niveaux de valence déjà remplis, et ils n'ont rien à gagner à transférer des électrons. Tous les autres atomes forment des composés, mais certains sont plus actifs que d'autres et se rencontrent beaucoup plus souvent. L'atome de chlore que vous avez visité, par exemple, est extrêmement actif. Il forme un composé avec l'atome le plus simple, l'hydrogène, qui n'a qu'un seul électron en tout, ainsi qu'avec l'atome naturel le plus lourd, l'uranium. Ce dernier est un très gros établissement, qui occupe près d'une centaine d'électrons. Bien entendu, seuls ceux du niveau de valence affectent son comportement chimique. Il est si gros que des rumeurs prétendent que son noyau serait instable, ajouta-t-il sur le ton de la confidence.

— Justement, je voulais vous en parler, dit Alice avec fermeté. Vous avez à nouveau fait allusion au noyau. Auriez-vous la gentillesse de me dire ce qu'est le noyau ? »

Les électrons parurent à nouveau mal à l'aise, et il répondirent avec réticence : « Le noyau est le seigneur caché de l'atome. Nous, les électrons, assurons toutes les affaires en formant des composés chimiques, en émettant de la lumière de l'atome, et ainsi de suite, mais c'est le noyau qui détermine en dernier ressort quelle sorte d'atome nous formons. Il prend les décisions politiques, et c'est lui qui fixe le nombre d'électrons, ainsi que les niveaux d'énergie que nous pouvons occuper. Le noyau contient la famille nucléaire, les parrains clandestins qui règnent sur les charges. »

Alarmés par cette imprudente effusion, les électrons de la pièce tentèrent de se faire tout petits dans un coin, autant qu'ils le pouvaient sans devenir trop localisés. Trop tard ! Le mal était fait, et Alice sentit soudain une présence menaçante à proximité.

Parmi les électrons affolés surgit une forme grossière, planant au-dessus d'Alice et de ses compagnons. Elle se rendit compte qu'il s'agissait d'un photon, mais incomparablement plus massif que tous ceux qu'elle avait vus jusqu'alors. Comme tous les photons, il brillait, mais d'une façon beaucoup plus terne et furtive. Alice remarqua qu'il portait une paire de lunettes de soleil, ce qu'elle trouva très bizarre pour un être qui était l'essence même de la lumière.

« C'est un photon lourd virtuel, dit l'un des électrons dans un souffle. Il est extrêmement lourd, bien loin de sa couche de masse. C'est l'un des agents d'exécution du noyau. Ce sont des photons comme lui qui transmettent le contrôle électrique du noyau aux électrons soumis.

— J'ai entendu quelqu'un poser des questions ! commença le photon sur un ton menaçant. Les nucléons n'aiment pas que l'on pose des questions. J'emmène cette personne faire une petite promenade, car certaines parties, ou plutôt certaines particules, souhaitent *très* vivement faire sa connaissance. »

Cela ne paraissait guère augurer d'une rencontre très attrayante, et Alice se demandait comment elle pourrait décliner cette invitation sans risque. Plus tard, en repensant à l'événement, elle ne put jamais se rappeler comment les choses s'étaient passées. Elle avait le vague souvenir d'avoir couru aux côtés du photon qui ne cessait de hurler « Plus vite ! », sans qu'elle se sente capable d'aller plus vite, mais sans avoir non plus le souffle nécessaire pour le dire. Ils coururent sur la surface de la table et plongèrent dans l'un des atomes qui y étaient représentés. C'était un atome d'uranium, qui grossit démesurément à leur approche.

Le plus étrange de l'expérience était que les choses autour d'eux ne changeaient pas de position par rapport à eux. Ils avaient beau aller le plus vite possible, ils semblaient ne rien pouvoir dépasser. Alice remarqua pourtant que tout ce qui les entourait, des électrons affairés à la silhouette des niveaux qui les contenait, semblait grandir régulièrement au fil de sa course.

« Est-ce que tout grandit, ou est-ce moi qui rétrécis ? se demanda la pauvre Alice, interloquée.

— Plus vite ! criait toujours le photon. Plus vite ! N'essayez pas de parler ! »

Alice avait l'impression que jamais plus elle ne pourrait parler, elle avait complètement perdu le souffle et le photon continuait toujours à hurler : « Plus vite, plus vite ! » en l'entraînant.

« Sommes-nous bientôt arrivés ? hoqueta Alice, essoufflée.

— Bientôt arrivés ! s'exclama le photon. Mais nous y sommes, et depuis longtemps, mais nous ne sommes pas assez *localisés*, loin de là. Plus vite ! »

Ils coururent en silence quelque temps, de plus en plus vite, tandis que le paysage continuait à se dilater, jusqu'à ce que tout ce qu'elle avait vu soit si vaste qu'elle le perdît de vue.

« Maintenant ! Maintenant ! rugit le photon. Plus vite ! Plus vite ! Votre impulsion sera bientôt si grande que vous serez localisée à l'intérieur du noyau. »

Ils allaient si vite qu'ils semblaient glisser dans l'air, et qu'Alice, maintenant complètement épuisée, se retrouva soudain devant une haute tour sombre, large en bas, qui s'élevait en se rétrécissant. Elle était opaque et lisse à la base, mais Alice vit qu'elle s'achevait tout en haut dans un fouillis de tourelles et de créneaux. Alice trouva l'ensemble très intimidant.

« Vous voici devant le château Rutherford, le manoir de la famille Nucléaire », déclara le pesant photon.

Notes

1. Lorsque l'on découvrit que les atomes contenaient de légers électrons de charge négative, puis, plus tard, qu'ils contenaient un noyau de charge positive, cela donna l'idée qu'ils ressemblaient peut-être à des systèmes solaires en miniature, avec des planètes-électrons en orbite autour d'un soleil-noyau.

Cela conduisit à une amusante fantaisie dans laquelle les électrons étaient réellement des planètes miniatures habitées par des personnages miniatures, et ainsi de suite à l'infini. Mais nous savons aujourd'hui de manière certaine que le modèle de l'atome comme système solaire est faux.

• La seule raison qui empêche les planètes de tomber directement sur le Soleil est qu'elles sont en rotation autour de lui. Néanmoins, nous avons des preuves que beaucoup d'électrons ne tournent pas autour du noyau.

• Selon l'électrodynamique classique, des électrons en orbite doivent rayonner de l'énergie et leur mouvement doit s'amortir. Dans quelque chose d'aussi petit qu'un atome, cela se passerait très vite (en moins d'un millionième de seconde), mais les atomes ne s'effondrent pas de cette manière. À l'échelle du système solaire, ce serait beaucoup plus long (des millions d'années).

2. En vertu du principe de Pauli, il ne peut y avoir qu'un seul électron dans chaque état. Le nombre d'états est en réalité doublé parce que les électrons existent soit avec un spin vers le haut, soit avec un spin vers le bas. Les électrons vont occuper les états atomiques parce que leur énergie y est plus basse, et qu'en règle générale les choses tendent vers leur état d'énergie minimale (on le constate en lâchant une tasse au-dessus d'un sol dallé). Tous les atomes possèdent un très grand nombre d'états capables d'héberger des électrons. Ce nombre d'états est en réalité infini, mais les plus hauts sont très rapprochés les uns des autres. Un atome continue à attirer des électrons dans ses niveaux jusqu'à ce qu'il contienne le nombre nécessaire pour équilibrer la charge positive du noyau. L'atome n'a plus alors d'excès de charge positive capable d'attirer d'autres électrons. Quand un atome a acquis son nombre maximum d'électrons, il en possède en général plus qu'il n'en faut pour compléter les plus bas états d'énergie, et certains électrons occupent donc des états d'énergie élevée.

3. Quand les scientifiques ont commencé à étudier la lumière émise par des atomes d'un type donné, ils ont constaté que le spectre ne montrait pas un étalement continu de la lumière, comme un arc-en-ciel, mais une succession de raies étroites ayant chacune une couleur précise. Tous les atomes montraient de tels spectres de raies, qui constituaient un mystère total pour la physique classique.

L'ensemble des niveaux d'énergie des électrons est caractéristique d'un type donné d'atome. Quand les électrons passent d'un niveau à un autre, ils émettent des photons dont l'énergie correspond à la différence d'énergie entre le niveau de départ et celui d'arrivée. Et comme l'énergie des photons est proportionnelle à leur fréquence, et que la couleur est liée à la fréquence, cela conduit à un spectre de raies aussi individualisé que des empreintes digitales.

L'explication des spectres de raies fut le premier succès important de la jeune mécanique quantique. La théorie s'ajustait aux fréquences des raies observées et prédisait la position d'autres raies qui n'avaient pas encore été observées. Celles-ci furent ensuite découvertes, ce qui démontra que la théorie quantique ne pouvait pas être aisément rejetée.

Chapitre huitième

Le château Rutherford

Alice levait les yeux vers la sombre muraille du château Rutherford, qui se dressait très haut devant eux. « D'où cela sort-il ? demanda-t-elle à son compagnon. Comment sommes-nous arrivés ici en venant du puits de potentiel de l'atome ?

— Je vous répète encore une fois qu'à aucun moment nous ne sommes partis quelque part ! Nous sommes toujours restés dans la plus étroite proximité de l'atome, et nous sommes maintenant simplement localisés en son centre, et même plus que cela, d'ailleurs. C'est toujours le même puits de potentiel que vous voyez devant vous. Vous ne le reconnaissez pas ?

— Non, évidemment, je ne le reconnais pas ! répliqua Alice avec emphase. Le puits de potentiel était un puits, un trou qui s'enfonçait dans les profondeurs. Nous sommes ici face à une tour qui s'élève dans les hauteurs, cela n'a rien à voir !

— Il n'y a là aucune différence, si vous y réfléchissez un instant, rétorqua le photon. Le noyau produit un champ électrique qui apporte une énergie potentielle négative à tout électron chargé négativement qui passe à proximité. Quand vous vous trouvez en compagnie de tels électrons, vous voyez naturellement le potentiel comme un puits qui s'enfonce. Mais les particules nucléaires comme les protons portent des charges électriques positives, et si de tels individus arrivent à l'improviste, ils verront leur énergie potentielle grimper de plus en plus haut en approchant du noyau. Cela incite en général de pareils personnages à rester à distance respectable, et le champ élève une

sorte de barrière devant eux. On l'appelle d'ailleurs la barrière de Coulomb. Les nucléons détestent les visiteurs imprévus. Si vous vous trouvez en compagnie de semblables personnages, vous voyez la même chose qu'eux, un immense mur de potentiel autour du noyau.

— Comment vais-je entrer, alors ? s'inquiéta Alice. Je suis certaine de ne pas pouvoir franchir cette muraille qui semble suffisamment impénétrable pour m'obliger à rester à distance respectable », déclara-t-elle, pleine d'espoir. Elle n'était pas très sûre d'avoir une grande envie de rencontrer la famille Nucléaire.

« La barrière de Coulomb n'agit que sur les particules de charge positive. Les particules qui ne portent pas de charge la franchissent sans difficulté. Comme vous, vous n'avez pas de charge électrique en ce moment, vous pouvez pénétrer par l'entrée des particules neutres. » Le photon indiquait un haut portail dans le mur du château, qu'Alice n'avait pas remarqué jusque-là, et qui portait l'inscription :

ACCÈS RÉSERVÉ AUX PARTICULES NEUTRES

Alice et son compagnon se dirigèrent vers le portail et frappèrent énergiquement.

« À quoi ressemblent les particules nucléaires ? demanda Alice avec inquiétude. Se rapprochent-elles des électrons que j'ai rencontrés jusqu'à maintenant ?

— On les considère d'habitude comme beaucoup plus grandes que n'importe quel électron, et on sait qu'elles sont deux mille fois plus massives. » Cette réponse ne réduisit en rien la nervosité d'Alice, qui entendit des pas lourds approcher derrière le portail. Les pas devinrent plus sonores, et Alice eut l'impression de sentir le sol trembler. Ils s'arrêtèrent et le haut portail se mit à pivoter lentement. Alice leva les yeux

Au centre de chaque atome se trouve un minuscule noyau atomique. Celui-ci contient quasiment toute la masse de l'atome, bien qu'il ne mesure que le cent millième de son diamètre. Ce noyau possède une charge positive qui attire les électrons négatifs et assure la cohésion de l'atome. Cette charge positive repousse, par ailleurs, les autres particules chargées positivement, dressant ainsi une barrière autour du noyau, la barrière de Coulomb, qui rejette les protons et les autres noyaux.

avec anxiété pour découvrir ce monstre qui l'avait convoquée. Le portail s'ouvrit complètement, mais Alice ne voyait toujours rien. Les nucléons étaient-ils invisibles ?

« Je suis là ! » dit, sur ton très sec, une voix irritée venant de très bas, plus bas que les genoux d'Alice.

Stupéfaite, Alice baissa les yeux et vit une petite silhouette devant elle. Elle ressemblait un peu aux électrons, mais une aura semblait émaner d'elle, porteuse de puissance, et, comme son compagnon, elle portait des lunettes noires. Alice, se rappelant à quel point elle avait rétréci pour arriver au château Rutherford, se dit que la silhouette devait être beaucoup plus petite que les électrons qu'elle avait rencontrés auparavant.

Elle se tourna avec indignation vers le photon et s'exclama : « Vous m'avez dit que les nucléons étaient

beaucoup plus gros que les électrons ! » Elle bouillait de colère d'avoir été ainsi bernée.

« Quoi ! Les citoyens bien informés s'accordent à les trouver plus grands, et je suis certain que vous ne me contredirez pas sur un aussi mince sujet. Les nucléons sont beaucoup plus lourds que les électrons, et ils ont naturellement tendance à être de ce fait plus localisés. Étant deux mille fois plus lourds, ils ont deux mille fois plus d'énergie de masse, et il est généralement admis qu'ils sont localisés dans une région deux mille fois plus petite qu'un électron banal, même quand ils ont la même énergie. Cela veut dire qu'ils peuvent occuper moins d'espace et ainsi *paraître* plus petits que les électrons. Mais les gens bien informés assurent qu'ils sont en réalité plus grands. »

Le photon poursuivit : « Comparés aux citoyens du noyau, les électrons de l'atome ont fort peu d'énergie et d'impulsion, et sont très peu localisés. Ils forment donc d'immenses nuages électroniques flottant autour du noyau, qui s'étendent sur des distances des centaines de milliers de fois plus grandes que la taille de ce noyau. »

En se retournant, Alice vit effectivement de grands nuages gris qui les entouraient et qui s'étendaient à perte de vue. Il était étrange de penser qu'il s'agissait là des électrons qu'elle avait si souvent vus auparavant, mais observés cette fois à une échelle beaucoup plus compacte.

Le neutron qui les avait accueillis (il s'agissait, en effet, d'un neutron) commençait à s'impatienter pendant cette discussion. « Ne restez pas plantée là, qui que vous soyez ! dit-il sèchement. Approchez-vous, que je puisse vous identifier.

— On dirait qu'il ne nous voit pas, dit Alice. Il me semble qu'il est aveugle.

— C'est le cas de tous les neutrons, dit-on, répondit son guide. Ces gens n'ont pas ou peu d'interactions avec les photons, car ils ne possèdent pas de charge électrique. Les neutrons n'ont presque pas d'interactions à longue portée et se limitent aux interactions à courte portée, très courte en vérité. Ils ne sont guère capables de reconnaître les autres sans les toucher. »

Ils s'approchèrent du neutron jusqu'à le heurter. « Ah, vous voilà ! dit-il rudement. Entrez, que je ferme la porte. Il fait meilleur à l'intérieur. » Il ignora complètement le photon, dont il ne ressentait même pas la présence. Alice remarqua avec intérêt que ce dernier se fondait simplement dans la paroi du château, qui n'était, après tout, composée que des photons virtuels émis par la charge électrique du noyau.

À l'intérieur du château, Alice suivit le neutron qui avançait à tâtons le long d'un corridor de pierres brutes. Le passage était très étroit mais, pour leur plus grand confort, il paraissait s'ouvrir plus largement à leur approche, de sorte qu'il y avait toujours exactement la place nécessaire pour passer. Alice trouvait ce phénomène un peu magique, mais elle avait peur d'être le jouet de son imagination et n'osa pas faire de remarque. Maintenant qu'elle avait fait sa connaissance, le nucléon qu'elle suivait lui paraissait moins menaçant qu'elle l'avait craint. Il était impatient, certes, mais nullement sinistre. Il lui rappelait un de ses oncles éloignés.

Ils pénétrèrent dans une haute salle voûtée, aux murs de pierres nues. Ils étaient sans doute au centre du château : les parois s'élevaient vertigineusement et se perdaient dans les brumes de la voûte. Très haut, des arcades s'ouvraient et conduisaient à différents étages, rappelant vaguement les niveaux d'énergie des électrons qu'Alice avait vus dans l'atome, à l'extérieur. Les dimensions de la salle n'étaient pas si grandes, mais elle était pleine d'autant de particules qu'elle pouvait en contenir. Alice se rendit pourtant nettement compte qu'à leur entrée, les épais murs de pierre avaient légèrement reculé pour laisser juste la place nécessaire aux nouveaux occupants.

Cette fois, Alice était sûre de ce qu'elle avait vu, et elle en fit la remarque. Il lui fut répondu que c'était l'effet du champ autocohérent à l'intérieur du château.

Le neutron précisa : « À l'image des électrons et des autres particules, nous autres, les nucléons, devons occuper des états quantiques, et les états disponibles sont contrôlés par le puits de potentiel local. Dans le cas des électrons de l'atome, c'est *nous* qui fournissons le potentiel. Les états des électrons sont déterminés par le potentiel électrique, que nous maîtrisons. L'atome est notre territoire et l'énergie potentielle des électrons y est fixée par leur distance aux charges électriques des protons dans le noyau central. À travers le potentiel électrique produit par ces charges, nous contrôlons les états des électrons depuis le noyau, à charge pour les électrons de les occuper du mieux qu'ils peuvent. La situation est différente pour nous, parce que nous produisons nous-mêmes le potentiel pour nos propres états nucléaires. »

Alice protesta : « Puisque vous fournissez le potentiel dans les deux cas, la situation est la même pour tous !

— Pas du tout, répliqua le neutron. Les deux situations sont totalement différentes. Voyez-vous, dans l'atome, le potentiel est essentiellement fourni par le noyau, et celui-ci régente donc les états sans que les nucléons les utilisent eux-mêmes. Le potentiel contrôle les états qui fournissent les distributions de probabilité des électrons, mais ces derniers n'ont que peu d'influence sur le potentiel. Le potentiel atomique est à peu près le même que les électrons soient là ou pas.

« Dans le cas du noyau, au contraire, le potentiel dans lequel nous sommes est construit par l'effort collectif de tous les nucléons présents. Notre société est très démocratique, même si nous gouvernons les électrons de façon très autocratique. Notre potentiel collectif fixe les états qui sont disponibles pour nous et contrôle ainsi notre distribution de probabilité, et cette distribution détermine à son tour le potentiel. C'est un cercle vicieux, comme il sied à une famille Nucléaire, et les états que nous occupons changent quand la distribution des nucléons change, comme vous pouvez vous en rendre compte. »

Alice demanda si le potentiel nucléaire était dû aux mêmes charges électriques que celui qui retenait les électrons. Elle souhaitait clarifier ce point.

« Oh, non, c'est même plutôt le contraire. La charge électrique est portée par les seuls protons. Vous en voyez plusieurs à cet endroit. » Le neutron fit un geste en direction de particules proches. Alice regarda dans cette direction et vit d'autres neutrons, qui ressemblaient fort à son compagnon. Disséminées parmi eux, elle vit d'autres particules qui lui parurent nettement plus autoritaires.

Si le neutron avait montré une tendance à l'irritabilité, ceux-ci paraissaient littéralement sur le point d'éclater de fureur. Le neutron lui expliqua : « Les protons portent tous des charges positives, et des particules de même charge se repoussent. Les protons s'emportent continuellement les uns contre les autres et menacent de partir. Il est bien difficile de les maintenir réunis, je vous assure. »

Alice s'étonna : « Mais les électrons n'ont-ils pas le même problème ? Il me semble que, s'ils portent tous des charges négatives, ils ont bien des charges de même signe et devraient se repousser les uns les autres.

— Vous avez entièrement raison : ils se repoussent

effectivement les uns les autres. Cependant, souvenez-vous que les électrons sont assez diffus et distants les uns des autres. Leurs charges sont bien séparées et la répulsion qu'ils produisent est assez faible. L'attraction, dans leur cas, provient de la charge positive concentrée dans le noyau, et elle est parfaitement capable de les maintenir en ordre. Au contraire, les protons sont serrés les uns contre les autres dans le noyau, et leur répulsion est intense. Les forces électriques menacent de faire exploser le noyau.

☞ note 1 p. 228

— Dans ce cas, qu'est-ce qui vous maintient tous réunis ? demanda Alice avec bon sens.

— Une force de nature toute différente, une force intense que nous appelons l'*interaction forte.* »

Il poursuivit : « L'interaction nucléaire forte est extrêmement intense. Elle l'emporte sur la répulsion électrique à l'intérieur du noyau. Cependant, elle n'a pratiquement pas d'effet en dehors du noyau, parce que c'est une force à très courte portée. Elle domine à l'intérieur, sans être ressentie à l'extérieur, où seule est apparente la force électrique due aux charges positives que portent les protons. Nous autres, les nucléons, nous nous tenons très solidement à nos voisins immédiats quand ils sont à portée de main, mais nous n'avons pratiquement plus conscience de leur présence s'ils s'éloignent un peu, et nous n'avons alors plus guère d'influence sur eux. »

Alice se sentait mal à l'aise depuis son entrée dans la salle centrale du château. Ce sentiment s'accentuait maintenant et elle avait la sensation étrange d'une présence nouvelle dans la pièce. Elle regarda autour d'elle sans rien voir, puis elle leva les yeux. Elle perçut faiblement une vaste forme arrondie qui traversait la

brume des hauteurs au-dessus de sa tête. Sans conteste, il s'agissait d'une faible partie d'un objet bien plus gros qui paraissait vaguement diffus, et qui traversait les parois comme un fantôme.

Alice poussa un cri et entreprit de décrire ce qu'elle avait vu au neutron, qui, pour sa part, n'avait pu l'apercevoir.

« Ah, il devait s'agir d'un électron, dit-il. Leur taille remplit tout le volume de l'atome, vous savez, et ils traversent le noyau comme le reste. Ils ne sont pas du tout sensibles à l'interaction forte, et ne se rendent pas compte de notre présence quand ils passent. Le noyau n'est qu'une minuscule fraction du volume occupé par un électron, aussi n'en voyons-nous pas grand-chose ici. En fait, je n'en vois rien du tout, vous comprenez ce que je veux dire ?

— L'interaction forte n'est pas due aux photons, alors ? » demanda Alice. On lui avait dit que l'échange de photons assurait la cohésion de l'atome, et elle avait compris que c'était le résultat de l'interaction entre charges électriques, mais elle avait l'intuition que la situation différait ici.

« Exact ! Elle n'a rien à voir avec les photons, mais elle est bien due à un échange de particules, mais une sorte différente de particules. En fait, l'interaction forte est causée par l'échange de plusieurs types de particules, dont les plus courants sont les pions. Bien entendu, ce sont des bosons puisqu'ils sont créés et détruits au cours du processus d'échange. La masse des pions est beaucoup plus grande que celle des photons. En fait, les photons n'ont pas de masse du tout, ce qui rend leur production très économique, en termes d'énergie. Les pions ont une masse environ trois cents fois plus grande que celle des électrons. Ils peuvent être créés à la faveur d'une fluctuation d'énergie, comme le permet la relation de Heisenberg, mais comme cette fluctuation doit être de grande ampleur pour fournir la masse du pion, elle ne saurait durer longtemps. Dans ce bref intervalle, le pion n'a pas le temps de beaucoup s'éloigner de sa source, et, par suite, il ne peut être échangé qu'avec des particules très proches, qui se touchent quasiment. L'interaction forte a, de ce fait, une portée très courte. »

Un conflit éclata à cet instant entre deux des protons, qui se disputaient violemment et se menaçaient mutuellement d'une rupture brutale. Des neutrons se précipitèrent pour séparer les deux adversaires et les isoler, diluant ainsi leur mutuelle répulsion. Tandis qu'ils s'intercalaient ainsi, les neutrons se cramponnaient fermement aux protons pour les retenir à l'intérieur du noyau.

« Vous voyez à quel point les neutrons sont indispensables à la cohésion du noyau, surtout dans les gros noyaux, remarqua le neutron. Tous les protons repoussent tous les autres protons, et pas seulement leurs voisins immédiats comme dans l'interaction nucléaire forte. L'intensité de cette répulsion augmente donc rapidement avec le nombre de protons présents dans le noyau. Les noyaux lourds, qui ont beaucoup de protons, doivent par conséquent avoir en proportion plus de neutrons pour garder les protons à distance suffisante les uns des autres afin que leur répulsion ne l'emporte pas sur l'attraction exercée par leurs proches voisins.

« La famille des nucléons se scinde en deux clans distincts, les protons et les neutrons. L'arbre généalogique accroché aux murs indique comment ils se combinent. » Il montrait un grand diagramme suspendu parmi d'autres symboles et des décorations héraldiques. Aux deux angles supérieurs du panneau se trouvaient les représentations artistiques d'un proton et d'un neutron. Au centre s'allongeait la liste de tous les noyaux auxquels participaient les membres de la famille. Alice reconnut les mêmes indications que celles qu'elle avait vues le long du *Quai périodique*, dans la *Marina Mendeleïev*. En y regardant de plus près, elle perçut une légère différence : un second nombre figurait sur chacune d'elles. Les noyaux étaient ici désignés comme ${}_1H^1$, ${}_2He^4$, ${}_3Li^7$, etc.

Du proton et du neutron au sommet du diagramme partaient des lignes en direction des divers noyaux. Une ligne reliait le proton au noyau ${}_1H^1$, mais aucune ligne ne reliait ce noyau au neutron. Le noyau ${}_2He^4$ était attaché par deux lignes au proton, et aussi par deux lignes au neutron. La plupart des noyaux suivants étaient reliés par presque autant de lignes au proton qu'au neutron. Dans le bas du tableau, Alice remarqua que les noyaux étaient unis par beaucoup plus de lignes au neutron qu'au proton.

Le neutron commenta : « Cette carte indique comment les différents noyaux sont peuplés par les membres des deux clans de nucléons. Le premier nombre vous indique le nombre de protons en cause. Il est identique au nombre d'électrons que peut contrôler le noyau, et il décide donc du comportement chimique de l'atome. Le second nombre vous donne le nombre total de nucléons qui peuplent le noyau en question. »

Il poursuivit : « Les noyaux légers ont autant de protons que de neutrons. Un noyau de carbone, par exemple, contient six protons et six neutrons. La répulsion causée par six protons (chacun est repoussé par les cinq autres) n'est pas suffisante pour l'emporter sur l'attraction due à l'interaction forte. Ici, dans notre noyau d'uranium, nous avons, en revanche, 92 protons. La force de répulsion entre toutes ces paires de protons est telle qu'un grand nombre de neutrons est indispensable pour séparer les protons et diluer leur répulsion électrique. Nous sommes ici 143 neutrons, mais le nombre de neutrons n'est pas toujours le même d'un noyau d'uranium à un autre. Le nombre de protons est toujours le même pour un élément donné, puisqu'il fixe le nombre d'électrons et donc le comportement chimique et l'identité de l'élément. Cependant, le nombre de neutrons n'a guère d'effet sur la chimie de l'atome et peut ainsi varier légèrement d'un noyau à l'autre. Les noyaux d'un élément qui diffèrent par le nombre de neutrons sont appelés des *isotopes.* Comme je le disais, nous sommes ici 143 neutrons, mais il y en a 146 dans beaucoup de noyaux d'uranium, ce qui les rend un peu plus stables.

— J'ai déjà entendu parler de la stabilité, dit Alice. Je pensais que les atomes étaient absolument immuables. Qu'ils pouvaient entrer dans différents composés chimiques, mais en restant éternellement identiques à eux-mêmes.

— Ce n'est pas tout à fait exact, corrigea le neutron. Les parois de la barrière de potentiel nucléaire nous maintiennent à l'intérieur, tout comme la barrière de Coulomb maintient les autres protons à l'extérieur. Cependant, cette barrière peut être franchie à l'occasion, et le noyau est modifié. La traversée de la barrière peut se faire dans les deux sens : des particules de l'extérieur peuvent pénétrer, ou certains d'entre nous tenter de s'échapper.

« La raison qui maintient protons et neutrons à l'intérieur du noyau est la même que celle qui maintient les électrons dans l'atome : ils ont besoin de moins d'énergie en restant à l'intérieur qu'en allant à l'extérieur. La diminution d'énergie entre extérieur et intérieur s'appelle l'*énergie de liaison.* Les nucléons possèdent dans le noyau des niveaux d'énergie analogues à ceux des électrons dans l'atome. Comme les protons et les neutrons sont différents, ces niveaux peuvent être simultanément occupés par les uns et par les autres. Comme le processus de remplissage des niveaux est le même pour les protons et pour les neutrons, les

Dans les noyaux lourds qui possèdent de nombreux neutrons, la répulsion entre les protons augmente et le noyau est parfois instable.

Il peut subir une désintégration radioactive, au cours de laquelle le noyau émet une particule α (alpha), un groupe soudé de deux protons et deux neutrons, capable de franchir la barrière de Coulomb.

Les neutrons peuvent également subir une désintégration β (bêta) au cours de laquelle un électron est émis dans le noyau et s'en échappe immédiatement, puisque les électrons ne sont pas soumis à l'interaction forte.

Les noyaux peuvent également émettre des rayons γ (gamma), composés de photons de haute énergie.

noyaux tendent à avoir autant des premiers que des seconds. Pour les noyaux lourds, qui ont beaucoup de protons, il y a un peu plus de neutrons, comme je vous le disais à l'instant. Dans chaque noyau, pour un nombre de protons donné, il existe un nombre optimal de neutrons : celui pour lequel le noyau est le plus stable. Un excédent ou un déficit par rapport à ce nombre donne au noyau un caractère instable et un penchant à la désintégration. Je dois reconnaître à ce propos que, dans un noyau d'uranium comme le nôtre, la répulsion entre les protons est si forte que le noyau est en général tout juste stable. Tout déséquilibre entre protons et neutrons conduirait au désastre. »

À cet instant retentit une sonnerie de trompettes et une voix stridente résonna dans la salle voûtée :

« Alerte ! Alerte ! Condition Alpha. Une évasion est en cours. »

Alice regarda autour d'elle à la recherche de ce qui avait pu causer cette alerte. Rien ne semblait avoir changé. Une grande nervosité régnait parmi l'assemblée des nucléons, mais, comme ils étaient toujours agités, à l'image de toutes les particules qu'elle avait rencontrées, cela n'avait rien d'inhabituel. En observant avec plus d'attention, elle remarqua un petit groupe de particules, deux neutrons et deux protons, qui se frayait un chemin à travers la foule, se tenant solidement les uns aux autres. Ils se précipitaient violemment contre un mur, rebondissaient et traversaient la pièce pour se jeter sur le mur d'en face. Alice se souvint immédiatement de l'homme qui avait perdu ses clés et tentait de rentrer chez lui, celui qu'elle avait vu peu après son arrivée au pays des quanta.

Elle décrivit la scène à son compagnon, et celui-ci lui répondit : « La scène que vous me décrivez ressemble à un groupement alpha. Un tel groupe, effectivement composé de deux protons et deux neutrons, est si fortement uni qu'il se comporte comme une particule unique, que nous appelons particule alpha. Contenant deux protons, une particule alpha est repoussée par la charge positive du noyau et tente de s'échapper, mais le mur qui entoure le noyau l'en empêche. Le groupe essaie donc de passer par *effet tunnel*. Leur intention est de passer *à travers* la barrière, et ils finiront par y arriver tôt ou tard.

— Combien de temps vont-ils mettre pour sortir ? demanda Alice avec intérêt.

— Oh, quelques milliers d'années, sans doute.

— Alors, il est peut-être un peu prématuré de sonner l'alarme, non ? s'étonna Alice. J'ai l'impression que vous avez largement le temps de prévenir cette évasion, et qu'il est inutile de s'affoler !

— Ah, mais c'est qu'on n'est jamais sûr de cela. Il leur faudra *probablement* plusieurs milliers d'années, mais ils *pourraient* sortir d'un moment à l'autre. Nous ne pouvons avoir aucune certitude, c'est une question de probabilités.

— Et toutes les évasions se font en perçant un tunnel dans la muraille ? s'enquit Alice.

— Oh non, pas du tout. L'émission alpha se fait en perçant la barrière, mais nous avons aussi des émissions bêta et gamma, et celles-ci ne nécessitent pas de percement.

— De quoi s'agit-il dans ce cas ? » demanda sagement Alice. Elle imaginait bien que le neutron le lui dirait de toute façon, sans lui demander son avis, mais il lui parut plus courtois de poser quand même la question.

« L'émission gamma est une émission de photons, comme celles que provoquent les électrons dans l'atome, lui expliqua son compagnon. Quand un électron est excité vers un état élevé et retombe dans un état plus bas, il émet un photon qui emporte l'énergie libérée. La même chose survient quand une excitation du noyau réarrange les protons : un photon est émis quand le noyau retourne vers un état d'énergie plus basse. Seulement, les énergies des interactions sont beaucoup plus grandes dans un noyau que dans un atome, et les photons gamma emportent des énergies bien plus élevées que les photons émis par les électrons d'un atome. Leurs énergies sont des centaines de milliers de fois plus hautes, mais ce sont toujours des photons. »

L'informateur d'Alice poursuivit : « L'émission bêta, quant à elle, est l'émission d'un électron du noyau. »

Alice le coupa en protestant : « Mais vous me disiez qu'il n'y avait pas d'électrons dans le noyau, qu'ils étaient insensibles à l'interaction nucléaire forte et qu'ils ne faisaient que passer à l'occasion.

— C'est parfaitement juste. Il n'y a pas d'électrons dans le noyau. »

Alice tenta patiemment de lui expliquer : « Mais si le noyau ne peut pas retenir les électrons, s'il n'y a pas d'électrons dans le noyau, alors comment serait-il possible que l'un d'entre eux s'échappe ? Cela n'a pas de sens ! Un électron ne peut pas s'échapper s'il n'y a pas d'électron au départ.

— Mais c'est justement parce que le noyau ne peut pas le retenir que les électrons s'en échappent si facilement. Les électrons sont *produits* ici, dans le noyau, au cours d'une interaction nucléaire faible, et évidemment, dès qu'ils sont produits, ils s'enfuient puisque le noyau est impuissant à les garder. C'est très simple quand on y pense, dit gentiment le neutron.

— Ah bon ? répondit Alice qui ne trouvait pas que c'était si simple. Mais c'est quoi, une interaction faible ? Et comment les électrons… »

Elle fut interrompue par les trompettes qui sonnèrent à nouveau, et un héraut cria quelque part dans la salle : « Votre attention à tous ! Le château est attaqué ! Nous sommes sous le feu d'un plasma de particules chargées.

— Oh, mon Dieu ! s'exclama Alice. La situation semble grave.

— Oh, non, pas tellement, la rassura un neutron qui passait par là. Il est probable qu'aucune des particules chargées de ce plasma ne dispose d'assez d'énergie pour percer une brèche dans nos défenses. Venez voir. »

Il conduisit Alice à travers les diverses galeries et les niveaux d'énergie du château jusqu'à un endroit d'où l'on pouvait voir à l'extérieur. Elle apercevait d'autres châteaux nucléaires dans le lointain et, dispersés dans la plaine, de nombreux protons qui se déplaçaient vivement.

« Ces protons viennent d'un plasma d'hydrogène chaud, lui apprit son compagnon. Dans un plasma, les atomes perdent certains de leurs électrons et deviennent des ions positifs, du fait de leur excédent de charge positive. Puisque le noyau de l'hydrogène se limite à un unique proton, quand un atome d'hydrogène perd son électron, il ne reste plus qu'un proton isolé. Les plasmas peuvent atteindre de très hautes températures, et les protons disposent alors d'une grande énergie cinétique, mais pas assez cependant pour pénétrer ici », acheva-t-il avec une condescendance certaine.

Alice regardait les protons se précipiter vers un noyau et escalader la base incurvée du mur. En grimpant, ils perdaient leur énergie cinétique et ralentissaient, finissant par s'arrêter à faible hauteur avant de glisser en arrière et de repartir dans une direction différente.

« Vous devez voir, je le suppose du moins, qu'ils n'ont aucun succès malgré toutes leurs tentatives, continua le guide d'Alice.

— Mais ils pourraient bien pénétrer par effet tunnel, vous ne pensez pas ? demanda Alice.

— Sans doute, ils le pourraient, en principe, mais ils passent si peu de temps près du noyau que c'est très peu probable. »

Alice remarqua à ce moment une turbulence dans le lointain. Quelque chose s'approchait à grande vitesse. Elle demanda avec anxiété : « Qu'est-ce qui s'approche ?

— Je n'en ai pas la moindre idée, répondit le neutron. Il y a quelque chose qui approche ? »

Alice se rendit compte que, naturellement, le neutron ne pouvait pas être sensible à l'arrivée d'une particule chargée rapide, comme celle qui arrivait, accompagnée d'un tourbillon de photons virtuels comme elle en avait rarement vus. Tandis qu'Alice décrivait à son compagnon ce qu'elle voyait, le nouveau venu rencontra un château sur son chemin. Son élan ne fut guère ralenti pendant qu'il escaladait la muraille, et il passa carrément par-dessus le rempart. Alice le vit ensuite repartir dans le lointain, ne paraissant nullement affecté. Mais ce n'était pas le cas du noyau qui avait croisé son chemin : celui-ci avait complètement explosé et des fragments s'envolaient en tous sens. Alice termina sa description à son compagnon.

« Ah, il devait s'agir d'un rayon cosmique. Il arrive qu'un de leurs raids passe dans le voisinage. Ils viennent de l'extérieur de notre monde et leur énergie est colossale. Franchir la barrière de Coulomb n'est rien pour eux, ils ne la sentent même pas. Nous n'avons aucune défense contre eux. Heureusement, ils sont rares, comme je le disais. »

Regardant à nouveau la plaine au-dessous d'eux, Alice vit quelques silhouettes discrètes qui se déplaçaient lentement et furtivement. « Oh, regardez ! s'écria-t-elle, oubliant que son compagnon ne pouvait rien voir. Il y a des neutrons en bas. »

— Quoi ! s'écria son compagnon. Vous en êtes sûre ? Cette fois, la situation est très sérieuse. Venez, nous devons retourner immédiatement dans la grande salle. »

Ils dévalèrent les niveaux d'énergie successifs jusqu'à la salle centrale, en dépit des protestations d'Alice, qui jurait que les neutrons n'étaient pas très nombreux et qu'ils n'avaient pas beaucoup d'énergie.

Ils n'étaient pas plus tôt arrivés que, sans avertissement, un neutron traversa le mur et surgit au beau milieu de la salle, au sein des autres particules. Ce n'était pas un des occupants normaux du noyau, mais un étranger qui venait de l'extérieur. Alice se souvint que le photon virtuel lui avait dit que la barrière de Coulomb n'avait pas d'effet sur les particules neutres, et que cela lui avait permis, à elle, d'entrer sans difficulté. Ce neutron était entré de la même manière, sans être invité.

Il y eut immédiatement un grand remue-ménage et des mouvements de panique parmi tous les nucléons. Ils couraient en tous sens, désespérés, surgissant d'une galerie pour s'engouffrer dans une autre. Ils hurlaient que la stabilité du noyau s'effondrait avec ce neutron excédentaire. Ils s'agitaient tellement que la salle tout entière, comme Alice le découvrit avec horreur, se mit à violemment osciller. Les solides murs de pierre commencèrent à onduler comme s'ils étaient liquides. La salle était tantôt carrée et compacte, tantôt extrêmement allongée et étroite. Un goulet se forma à l'endroit où se tenait Alice, coupant presque la pièce en deux. Les murs oscillèrent d'avant en arrière, et la salle se rétrécissait à chaque fois à la hauteur du goulet. Une dernière fois, la salle s'allongea et Alice vit certains murs disparaître dans le lointain, tandis que les autres s'approchaient d'elle comme s'ils allaient l'écraser avec toutes les particules qui étaient près d'elle. Jusque-là, le mouvement s'était toujours inversé avant que le goulet se referme, mais, cette fois, les murs se rejoignirent à l'endroit où Alice se tenait en compagnie de quelques neutrons.

Quand les murs l'eurent traversée, Alice vit qu'elle se trouvait dans la plaine, à l'extérieur du château. Derrière elle, la haute tour sombre était fendue, taillée en deux par une fissure qui la parcourait de haut en bas. Le château se séparait en deux demi-tours qui se ployèrent de part et d'autre. Toutes les deux vibraient brutalement, des photons de haute énergie fusaient des deux châteaux tel un feu d'artifice spectaculaire, libérant l'excès d'énergie des noyaux. Peu à peu, les tremblements s'apaisèrent et les deux formes irrégulières se stabilisèrent et reprirent la forme élancée qu'Alice avait vue au début. Deux versions miniatures du château Rutherford se tenaient maintenant devant elle. En fait, elles ne se *tenaient* pas devant elle, mais glissaient en s'écartant rapidement l'une de l'autre, repoussées par les charges positives qu'elles portaient toujours l'une comme l'autre.

« Eh bien, je suis heureuse que ce soit fini. C'était vraiment terrifiant ! » reconnut Alice. Regardant autour d'elle le paysage maintenant apaisé, elle vit quelques neutrons qui avaient été éjectés comme elle du château quand il s'était scindé en deux. Ils se dispersaient dans la plaine, partant dans toutes les directions. Elle remarqua que l'un d'eux approchait, par hasard, de la silhouette distante d'un autre château nucléaire. Il y pénétra brusquement.

Rien ne se produisit pendant quelques instants, puis Alice vit le château se mettre à trembler, de plus en plus violemment, jusqu'au moment où il se fissura à son tour. « Oh non ! » s'écria Alice avec consternation en voyant les deux moitiés s'écarter en éjectant des photons de grande énergie. C'est à peine si elle remarqua un nouveau groupe de neutrons qui s'éloignait du lieu de la catastrophe.

Peu après, certains de ces neutrons qui erraient sans but dans la plaine tamponnèrent d'autres noyaux. Le processus se répéta, les noyaux se fissurèrent, éjectant des photons gamma et d'autres neutrons qui ajoutèrent à la confusion ambiante. Le mécanisme se renouvela encore et encore. Quatre noyaux traversèrent les affres de la dislocation, puis dix, vingt, cinquante. Partout, Alice voyait des châteaux nucléaires s'effondrer dans les feux de la fission sous un ciel enflammé de l'intense rayonnement des photons gamma.

Certains noyaux peuvent se scinder en deux noyaux plus petits et plus stables, lors d'un processus que l'on appelle fission nucléaire.
Elle peut être provoquée par l'addition d'un neutron supplémentaire que la barrière de Coulomb n'arrête pas et qui est la « goutte d'eau qui fait déborder le vase » d'un noyau déjà instable. La fission peut libérer plusieurs autres neutrons, conduisant à une réaction en chaîne.

« C'est terrible ! s'écria Alice. Que se passe-t-il ?

— Ne vous inquiétez pas, Alice, dit une voix apaisante à côté d'elle. Ce n'est qu'une fission nucléaire induite, une réaction en chaîne, vous savez. Vous n'avez pas à vous faire de souci, vous êtes simplement au milieu de ce que vous appelleriez dans votre monde une explosion nucléaire. »

Alice se retourna vivement et vit les traits paisibles du mécanicien quantique. Il continua : « Les énergies libérées dans une réaction de fission ne sont pas plus

grandes que celles que vous avez rencontrées à l'intérieur du noyau. La différence est qu'elles ne sont plus confinées à l'intérieur. »

Il poursuivit, toujours aussi calme : « Je vous cherchais, j'ai une invitation à vous remettre. Vous êtes invitée au bal masqué des particules, une grande fête pour toutes les particules élémentaires. »

Notes

1. Presque tout semble causé dans le monde physique par l'interaction des électrons et des photons, réels ou virtuels. Les propriétés des solides comme des atomes individuels, et toutes les réactions chimiques liées aux réarrangements d'atomes, toutes se ramènent à une interaction électrique entre les électrons.

En dehors des électrons qui interagissent avec le monde extérieur, l'atome contient un noyau chargé positivement. La cohésion de celui-ci n'est pas assurée par les forces électriques, bien au contraire.

Le noyau atomique contient des neutrons, qui n'ont pas de charge électrique, et des protons, qui possèdent une charge positive. Dans l'espace restreint du noyau, dont le diamètre n'est que le cent millième de celui de l'atome, la répulsion mutuelle des protons est énorme. Cette force électrique tend à faire exploser le noyau, et il existe donc nécessairement une force encore plus intense pour souder le noyau, une force qui n'est pas sensible à l'extérieur, quelle qu'en soit la raison. Cette force est appelée l'interaction nucléaire forte. Bien qu'intense, elle n'a qu'une faible portée, et son influence ne dépasse guère les limites du noyau.

Cette interaction forte est due à l'échange de particules virtuelles, exactement comme l'interaction électrique découle de l'échange de photons virtuels. Les photons n'ont pas de masse, alors que les particules échangées dans une interaction forte sont assez lourdes. Elles doivent obtenir leur énergie de masse grâce à une fluctuation quantique importante, ce qui n'est possible que pour une durée très brève. Ces particules virtuelles n'ont donc pas le temps de s'éloigner beaucoup de leur source, et l'interaction qu'elles produisent n'a qu'une très courte portée.

Chapitre neuvième

Le bal masqué des particules

Son invitation à la main, Alice gravit les larges marches de pierre qui conduisaient à une haute porte vernie. Elle ne pouvait se rappeler comment elle était arrivée jusque-là, quoiqu'elle se souvînt d'avoir reçu cette invitation. Elle se rassura : « Bon, eh bien, cela semble bien être l'endroit où se tient ce bal masqué des particules, quelle qu'en soit la nature. Apparemment, j'aboutis toujours là où les gens veulent me voir arriver. »

Elle s'arrêta devant la porte pour l'examiner. Elle était très lisse et brillante, de couleur rouge sombre. Une poignée de laiton étincelait, accompagnée d'un heurtoir de laiton tout aussi astiqué, en forme de figure grotesque. La porte était fermée et verrouillée. On devinait à travers le trou de la serrure la lueur tremblotante des bougies, et Alice entendait la musique jouer très fort à l'intérieur.

Comment entrer ? La réponse lui parut aller de soi, et elle souleva le heurtoir et le rabattit violemment.

« Aïe ! Ne vous gênez pas ! » s'exclama douloureusement une voix très proche, à portée de main. Littéralement à portée de main, d'ailleurs : Alice fixa la porte avec surprise et rencontra le regard irrité d'un heurtoir de porte furieux.

« C'était mon nez ! s'exclama-t-il, indigné. Qu'est-ce que vous voulez, à la fin ?

— Je suis désolée, s'excusa Alice. Je croyais que, puisque vous êtes un heurtoir de porte, je pouvais vous utiliser pour frapper à la porte. Comment pourrais-je entrer sans frapper ? demanda-t-elle plaintivement.

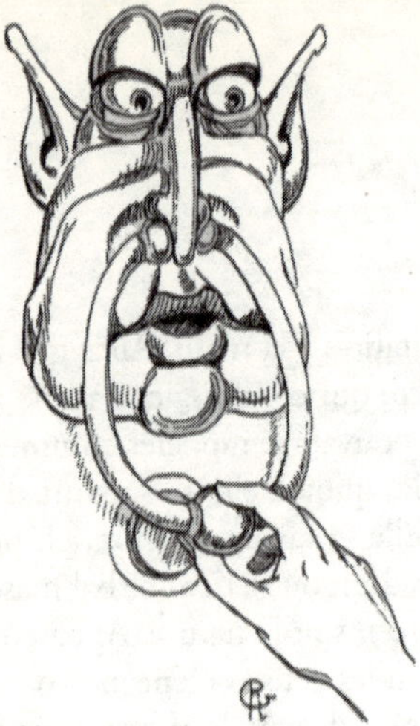

— Cela ne sert à rien de frapper, dit le heurtoir, blessé. Ils font tellement de bruit là-dedans qu'ils ne risquent pas de vous entendre ! » Il y avait effectivement beaucoup de bruit à l'intérieur : le brouhaha des conversations, une voix plus forte qui dominait le reste, mais dont Alice ne comprenait pas les paroles, et par-dessus le tout, la musique.

« Comment puis-je entrer, alors ? demanda Alice.

— D'abord, est-il sûr que vous deviez entrer ? s'enquit le heurtoir. C'est la première chose à examiner, n'est-ce pas ? »

Il avait certainement raison, mais cette remarque ne plut pas à Alice. Elle murmura pour elle-même : « C'est quand même terrible de toujours tomber sur de pareils chicaneurs. » Élevant la voix, elle s'adressa au heurtoir, tout en se sentant un peu ridicule de parler ainsi à un objet : « J'ai une invitation ! dit-elle en lui montrant le carton.

— Oui, je vois bien, répondit le heurtoir. C'est une invitation au bal masqué des particules, mais il s'agit d'une fête exclusivement réservée aux particules. Êtes-vous une particule ?

— Je n'en sais rien, à dire vrai, déclara Alice. Je ne pensais pas l'être, mais avec tout ce qui m'est arrivé, je commence à croire que si.

— Eh, bien, laissez-moi voir si vous correspondez aux critères, reprit le heurtoir, d'un ton un peu plus aimable maintenant que son nez était moins sensible. Donnez-moi un instant pour vérifier mes notes. » Alice ne voyait pas comment un heurtoir pouvait posséder des notes, et encore moins les consulter, mais, au bout de quelques instants, il reprit : « Ah, nous y voilà. La liste des caractéristiques qui définissent une particule.

« Premier point, lut-il. Quand vous êtes observée, vous trouvez-vous invariablement à une position relativement bien définie ?

— Oui, je crois, enfin il me semble, répondit Alice.

— Très bien, dit le heurtoir, en l'encourageant. Deuxième point. Avez-vous une masse unique et bien définie, en dehors des fluctuations normales, bien entendu.

— Eh bien, oui. Mon poids n'a pas beaucoup changé ces derniers temps. » C'est en tout cas ce qu'elle pensait.

« Très bien. C'est une exigence très importante. Chaque particule différente possède sa masse particulière, il s'agit d'une de leurs principales caractéristiques, essentielle quand il s'agit de les identifier. » Alice était un peu surprise que l'on puisse identifier les gens en les pesant plutôt qu'en regardant leur visage. Puis, elle se rappela que le visage des particules n'était pas tellement bien défini.

« Troisièmement. Êtes-vous stable ?

— Je vous demande pardon ? répondit Alice, ressentant là un affront.

— Je vous ai demandé si vous étiez stable. C'est une question simple, pourtant. En tout cas, elle l'était autrefois, mais le sujet est devenu un peu délicat ces derniers temps. Jadis cela signifiait : "Vous désintégrez-vous pour vous transformer en autre chose ?" S'il existait une quelconque probabilité que vous vous désintégriez un jour, vous étiez considéré comme instable, un point c'est tout. Mais cela ne suffisait pas ! Les gens commencèrent à dire que l'on ne pouvait pas savoir si quelque chose vivrait éternellement, et qu'un état distinct existant pendant une durée assez longue pouvait suffire à caractériser une particule. La question devint alors : "Que signifie *assez longue* ? des années ou des secondes ?" En ce moment, on considère comme stables des durées de vie de moins d'un cent millionième de millionième de seconde, termina-t-il d'un air dégoûté. Aussi dois-je vous demander : "Pensez-vous survivre plus d'un cent-millionième de millionième de seconde ?"

— Oh, oui, j'espère bien, répondit Alice avec confiance.

Il existe de nombreuses particules qui interagissent fortement comme le proton et le neutron, et il n'est pas facile de distinguer un type de particules d'un autre. Certaines possèdent des charges électriques différentes, mais nombreuses sont celles qui portent les mêmes charges.
En pratique, les particules sont le plus souvent classées selon leur masse, qui est un trait spécifique.
La plupart des particules sont instables, à des degrés divers : une particule lourde se désintègre en plusieurs particules légères. En dehors d'un noyau, le neutron lui-même est instable et se désintègre avec une durée moyenne de vie de l'ordre de 20 minutes.

— Bien, alors je dois vous compter parmi les particules stables. Vous n'avez qu'à entrer. Vous avez peut-être mieux à faire que de rester plantée là, ce qui n'est pas mon cas », dit-il en maugréant. Un clic, et la porte s'ouvrit. Alice entra sans plus attendre.

Elle traversa un hall élégant tout lambrissé, éclairé par des chandeliers. Des niches contenaient des statues de particules célèbres, mais, comme il s'agissait de particules, Alice avait du mal à voir les détails. Elle admira l'art avec lequel le sculpteur avait rendu l'aspect flou et si peu localisé des particules. En fait, un œil profane n'aurait vu là que des morceaux de pierre informes.

Après le hall d'entrée, Alice pénétra dans une grande pièce qui ressemblait à une salle de bal. Des lustres très ornés suspendus au plafond l'éclairaient, mais ils apportaient si peu de lumière que la pièce était presque entièrement dans la pénombre. Les ombres paraissaient d'autant plus profondes que quelques projecteurs dessinaient des taches de lumière vive tournoyant dans la salle. Un rond de lumière s'arrêta juste devant Alice. Une silhouette sauta au centre. Elle était habillée comme un bouffon médiéval, avec un costume ridicule rayé de rouge, de bleu et de vert. Alice le regarda avec attention, et elle remarqua que le costume avait également des rayures anti-rouges, anti-bleues et anti-vertes. Alice n'avait encore jamais vu de pareilles couleurs (et comme ce livre n'est malheureusement pas illustré en couleurs, vous ne pourrez pas les voir non plus). Son apparence extraordinaire était complétée par un masque qui portait un invraisemblable sourire figé.

Il s'adressa à Alice : « Bonsoir, mademoiselle. *Guten Abend, Fraulein. Good evening, young lady.* Bienvenue, *Willkommen, Welcome.* Bienvenue à la mascarade.

— Merci, répondit Alice. Mais qui êtes-vous, et qu'est-ce qu'une mascarade ?

— Je suis le maître de cérémonie de cette mascarade, le bal masqué des particules, la soirée des récréations et des révélations, l'exploration des mystères derrière les masques. Les particules viennent toutes ici tournoyer dans une joyeuse danse et, quand l'occasion est favorable, elles se démasquent. Votre masque, si vous me permettez de le dire, est particulièrement inspiré.

— Je ne porte pas de masque, répondit froidement Alice.

— Comment pourriez-vous en être sûre ? Nous portons tous un masque ou un autre. Tenez, cette nuit, les masques sont déjà tombés deux fois.

— Je ne vois pas comment cela serait possible, le contredit Alice. Vous ne pouvez vous démasquer plus d'une fois : soit vous portez un masque, soit vous n'en portez pas.

— Pourquoi donc ? Cela dépend du nombre de masques que vous portez, et les particules peuvent porter bien des masques. Au début de la soirée, nous avions un groupe d'atomes, et puis ils se sont démasqués et nous avions une foule d'électrons et nombre de noyaux. Plus tard dans la soirée, d'autres masques sont tombés, et les noyaux ont abandonné leur déguisement pour se révéler des protons et des neutrons, avec un nuage de pions entre eux. Je suis parfaitement sûr qu'il y aura d'autres révélations avant que la nuit s'achève.

« Mais pour le moment, s'écria-t-il soudain d'une voix assez forte pour être entendue d'un bout à l'autre de la salle de bal, que la fête continue ! Mesdames et messieurs, *Meine Damen und Herren, Ladies and Gentlemen*, je vous prie d'entrer prestement dans la danse des collisions. »

Un frémissement parcourut la foule, et Alice vit l'assemblée des particules se mettre en mouvement tout autour de la pièce. On ne pouvait pas dire qu'elles dansaient vraiment, mais elles se mettaient sans nul doute à tournoyer de plus en plus rapidement. Seulement, elles ne semblaient pas d'accord sur la direction dans laquelle tourner, et certaines tournaient ainsi en sens contraire des autres.

Les grappes de particules tournaient de plus en plus vite à la rencontre les unes des autres, et l'inévitable se produisit soudain. Deux particules entrèrent en collision dans un grand choc. Alice regarda si elles s'étaient blessées dans l'accident. Elle n'aurait pas su le dire, mais les particules n'avaient certes plus la même allure après le choc. Elle vit de nombreux petits pions s'éloigner rapidement du lieu de la collision. Elle ne pensait pas les avoir remarqués avant le télescopage, et les particules qui s'étaient heurtées avaient elles-mêmes changé. Elles étaient maintenant beaucoup plus grosses, et elles avaient une allure quelque peu exotique. Indubitablement, elles n'étaient plus les mêmes.

La danse continuait, et il y eut d'autres collisions, de plus en plus fréquentes. Lors de chacune d'entre elles, les particules nucléaires, désormais familières à Alice, se changeaient en quelque chose de nouveau et d'étrange. Il y eut très vite une effarante variété de particules différentes sur la piste de danse, beaucoup plus qu'Alice n'aurait imaginé qu'il pût en exister.

« Un merveilleux spectacle, vous ne trouvez pas ? » s'enquit une voix près d'Alice. C'était le maître de cérémonies, son masque rieur à une coudée à peine. « Une superbe assemblée hadronique de joyeux convives, une splendide variété baryonique. Je crois bien qu'il n'y en a maintenant pas deux pareils ! »

Alice ne comprenait pas plusieurs des mots utilisés, mais elle jugea plus prudent de ne pas poser de ques-

Les particules peuvent être créées lors de collisions au cours desquelles leur énergie cinétique lorsqu'elles entrent en collision est convertie en masse de particules nouvelles.
Un très grand nombre de particules de ce type ont été découvertes et classées selon divers groupes de symétrie.
On pense aujourd'hui qu'il s'agit de combinaisons différentes de quarks, comme les atomes sont des combinaisons d'électrons avec des protons et des neutrons dans le noyau. Les fermions, ou baryons, contiennent trois quarks, tandis que les bosons, ou mésons, contiennent un quark et un antiquark.

tions à leur sujet. Elle voulait juste savoir, le plus simplement du monde, ce qui s'était passé. « D'où viennent tous ces nouveaux types de particules ? demanda-t-elle.

— Ils ont tous été créés au cours des collisions, bien entendu. Vous avez bien vu que les particules tournaient très rapidement et qu'elles avaient donc toutes beaucoup d'énergie cinétique. Au moment de la collision, cette énergie cinétique a pu être convertie en énergie de masse, et des particules massives ont pu être créées. Chacune possède une masse propre qui permet de l'identifier, en plus d'autres différences plus subtiles. Je pense que, maintenant, il ne se trouve plus deux particules présentes de même masse. C'est ce qui arrive dans une mascarade. »

Sa voix s'éleva à nouveau pour s'adresser à toute l'assistance : « La danse est maintenant terminée. Veuillez chacun rejoindre votre multiplet. »

À son commandement, les particules commencèrent à se rassembler par petits groupes dispersés à travers la salle. Alice remarqua que la plupart se rassemblaient par groupes de huit, six se plaçant aux sommets d'un hexagone et les deux dernières se plaçant côte à côte au centre. Quelques groupes rassemblaient dix particules en triangle, quatre particules à la base, puis trois, deux et une au sommet.

« Voyez comment les particules s'associent en groupes de symétrie, commenta tranquillement le maître de cérémonie. Dans chaque formation, les particules partagent une même propriété, la valeur de leur spin par exemple. Notez la frappante régularité de tous ces groupements. Elle manifeste une similarité sous-jacente, une nature semblable sous leur masque. Vous reconnaissez sans doute certains des membres de ce groupe », ajouta-t-il en indiquant le groupe voisin.

Alice regarda les huit particules, et reconnut un proton et un neutron dans les deux particules qui occupaient deux des sommets de l'hexagone. Les autres lui étaient néanmoins inconnues.

« C'est le groupe de baryons de spin un demi », lui fut-il précisé. Cela ne disait strictement rien à Alice, mais elle ne demandait qu'à le croire.

« Je crois que vous avez déjà rencontré le neutron et le proton. Dans la rangée suivante, vous avez la particule sigma, qui possède une charge positive, mais peut aussi avoir une charge négative ou une charge nulle. Elle nous apparaît donc comme trois types différents de particules. Au centre, vous avez aussi une particule lambda, qui, elle, est unique et n'a pas de charge électrique. Ces quatre particules sont étranges.

☞ note 1 p. 257

— Elles me semblent effectivement bien étranges, acquiesça Alice en s'approchant d'elles.

— Non, vous ne comprenez pas. Ce que nous appelons *étrangeté* n'est que le nom que nous donnons à une propriété que partagent certaines particules. C'est un peu comme la charge électrique, vous savez, sauf que c'est complètement différent, ajouta-t-il, ce qui n'aida guère Alice à comprendre. Les deux dernières particules sont toutes les deux des Xi, et elles sont deux parce qu'elles peuvent avoir deux charges différentes. Elles sont doublement étranges, bien entendu.

— Bien entendu, répéta la pauvre Alice.

— Et maintenant l'heure est venue, s'écria-t-il en s'adressant à toute l'assemblée, sa voix traversant toute la salle. Il est maintenant temps de procéder au dernier démasquage de la soirée. Mesdames et messieurs, *Meine Damen und Herren, Ladies and Gentlemen*, veuillez tous, s'il vous plaît, … retirer vos masques ! »

Alice ne comprit pas bien comment cela s'était passé, mais, autour d'elle, l'aspect de toutes les particules avait changé. Elle regarda l'une des particules près d'elle, celle que le maître de cérémonie avait appelée le lambda. Elle ne ressemblait plus à une particule, mais plutôt à une sorte de grand sac dans lequel elle distinguait trois formes. En s'approchant pour mieux voir, elle se sentit attirée vers l'intérieur, et, malgré tous ses efforts, elle fut aspirée.

Une fois entrée, Alice se rendit compte qu'elle n'avait pas la place de se tenir debout. Elle voulut s'agenouiller, mais l'enveloppe la comprimait tant qu'elle se retrouva avec un coude au sol et l'autre passé derrière la tête. Dans cette inconfortable position, elle regarda autour d'elle et vit les trois petites silhouettes qu'elle avait aperçues de l'extérieur. Maintenant qu'elle les voyait mieux, elle constata qu'elles étaient différentes de toutes les particules qu'elle avait rencontrées jusque-là. Chacune était colorée d'une nuance particulière, l'une était rouge, l'autre bleue et la troisième verte. Elles étaient reliées par des sortes de câbles multicolores, rayés des trois mêmes couleurs, mais aussi des trois anti-couleurs qu'elle avait vues sur le costume du maître de cérémonie.

Alice était tellement absorbée par ses observations qu'elle sursauta en entendant l'un des personnages lui adresser la parole.

« Si vous vous croyez au cinéma, il faut payer, vous savez. Les films ne sont pas réalisés pour être regardés gratuitement, certes non ! D'un autre côté, si vous nous prenez pour des êtres réels, alors il faut nous saluer et nous serrer la main.

— Je suis désolée », dit Alice en matière d'excuse, en essayant, avec difficulté, de tendre la main. Elle ne comprit pas comment, mais elle se retrouva en train de serrer, non pas une main, mais une de ces poires en caoutchouc des vieux avertisseurs d'auto. Quand elle la serra, il y eut bien sûr un grand son de trompe.

« Eh bien, qui êtes-vous donc ? demanda-t-elle, un peu vexée par cette plaisanterie.

— Nous n'avons pas besoin d'être présentés, aussi vais-je le faire. Nous sommes les trois frères Quark, répondit celui qui semblait leur porte-parole en fronçant d'épais sourcils. Je suis Uppo, voici Downo et Strangeo est là. » Uppo était vert, Downo rouge et Strangeo bleu.

« J'espère que vous ne voyez pas d'inconvénient à ce que je m'attache à vos pas ? demanda Alice en tentant de détendre l'atmosphère.

— Pourquoi ? Nous ne risquons pas d'être détachés », répondit Uppo, ce qui déclencha un fou rire général.

Alice ne riait pas. Elle n'avait pas trouvé la plaisanterie drôle, en fait, en y réfléchissant, elle ne voyait rien d'amusant à tout cela. Elle regarda les trois frères avec irritation, et fut déconcertée de voir que maintenant Uppo était rouge et Downo vert.

« Vous avez changé de couleur, dit-elle sur un ton accusateur.

— Naturellement, répondit calmement Uppo, nous sommes changeants. Quand j'ai commencé, j'étais très vert, puis je me suis légèrement senti un bleu à l'âme et maintenant je commence à voir rouge. Vous savez que les particules qui portent une charge électrique échangent des photons, dit-il brusquement.

— Oui, on me l'a déjà dit, répliqua Alice.

— Eh bien nous, les quarks, sommes des personnages hauts en couleur. Nous restons unis en échangeant des gluons, et nous passons ainsi du rouge au vert et au bleu. Les gluons restent avec nous tant qu'ils voient la couleur de notre argent, ils jaugent notre coloris en somme. Toutes les particules colorées échangent des gluons, et ces gluons les collent les unes aux autres comme les photons le font pour les particules chargées.

— Mais pourquoi changez-vous de couleur ? demanda Alice. Les particules chargées ne changent pas de charge électrique en échangeant des photons.

— Non, mais les photons n'ont pas de charge. Il n'y a pas de prise en charge avec les photons, c'est ce qui les rend si populaires. Les gluons, quant à eux, possèdent une couleur. Quand un gluon quitte sa source, sa teinte passe au quark qui l'attrape. »

Tandis qu'Uppo parlait, Downo devint bleu et Strangeo rouge, ce qui donnait un aspect particulièrement flamboyant aux boucles de ses cheveux.

Les quarks sont la forme de matière la plus fondamentale que l'on connaisse pour le moment. Toutes les particules qui interagissent fortement sont des assemblages de quarks.
Les fermions sont formés de trois quarks tandis que les bosons sont formés d'une paire quark-antiquark.
Le lien est très fort et il est dû, comme pour l'interaction électrique, à l'échange de particules virtuelles.

☞ note 2 p. 258

Uppo montra Strangeo. « Regardez-le, voilà une source de couleur différente. C'est parce que nous avons des gluons si colorés que nous ne pouvons jamais être séparés. Un pour tous et tout pour rien. Unis, nous résistons et divisés nous restons inséparables.

— J'ai bien peur de ne rien comprendre à ce que vous dites, protesta Alice.

— Eh bien, vous savez bien que les charges électriques de signe contraire s'attirent, mais que vous pouvez séparer des particules qui souffrent de cette forme d'attirance. Elles sont retenues par l'échange de photons, mais les photons n'ont pas de charge.

— Sur les photons, de charge il n'existe, alors libres ils sont. Partout où ils veulent, alors ils vont, dit soudain Downo.

— C'est vrai, puisque les photons ne portent pas de charge, ils sont libres, libres d'aller aussi loin qu'ils le veulent. Ils n'échangent pas de photons entre eux, confirma Uppo.

— Si aucune charge il n'y a, et pas de changement n'arrive, alors d'interaction il ne peut y avoir, ajouta Downo. Ces photons, aucune affaire ensemble ils ne font.

— Sans charge, les photons virtuels ne commercent pas entre eux, et ils ne s'attirent donc pas. Ils se dispersent juste partout. Plus les sources sont éloignées et plus ils ont de place pour s'étaler, et plus ils sont alors dispersés. Leur influence devient bien mince et ils n'ont guère d'impulsion à transférer, précisa Uppo.

— La dernière fois qu'un transfert j'ai eu, coupa Downo, ils m'ont promis qu'un peu d'impulsion ils allaient me donner, mais en fait laissé tomber ils m'ont.

— Et tu as éprouvé la puissance de leur action, dit Uppo en souriant. Moins ils ont d'impulsion à offrir et moins la force se fait sentir. Plus les sources s'écartent, plus elles se perdent de vue, plus leur attirance mutuelle diminue, et à la fin elles sont devenues si distantes qu'elles ne pensent plus à s'écrire. Avec un peu d'énergie, vous pouvez les séparer et les envoyer n'importe où. Parvenues si loin, elles n'exercent plus aucune attirance notable. Les charges sont devenues indépendantes. Parlant de charges, savez-vous à quoi d'habitude les gens font allusion quand ils évoquent des "charges indépendantes" ? Mais assez parlé des charges électriques, ce qui nous importe, ce sont les charges des quarks.

— Quelles sont les charges des quarks ? demanda Alice avec curiosité, toujours désireuse de comprendre autant qu'elle pouvait.

— Double tarif le week-end, et pour les quarks-up, répondit Downo. Mais très économiques nous

Beaucoup de particules possèdent une charge électrique, et il est surprenant d'observer que toutes ces charges sont égales.
Certaines particules ont des charges positives, d'autres des charges négatives, mais la quantité de charge est exactement la même.
On appelle souvent cette quantité la charge de l'électron, simplement parce que l'électron fut la première particule découverte.
Dans le cas des quarks, il semble qu'il n'en soit pas de même : un quark peut avoir une charge positive qui soit les deux tiers de la charge de l'électron ou une charge négative qui soit le tiers de celle-ci.
Comme les quarks ne peuvent pas quitter leurs associations, ces charges fractionnelles ne peuvent pas être directement observées, mais il existe de fortes présomptions qu'il en est bien ainsi.

sommes. Nos charges seulement le tiers des autres particules sont.

— Il y a une chose que je ne comprends pas, dit Alice. C'était un véritable euphémisme, tant il y avait de choses qu'elle ne comprenait pas en ce moment. Pourquoi parlez-vous de cette manière étonnante ?

— Parce que c'est un fermion, répondit Uppo à sa place. Enrico Fermi était quelqu'un d'étonnant.

— Mais vous êtes tous des fermions, non ? protesta Alice.

— Certainement. Un pour tous et tous pour Pauli, que personne ne peut contester. » Les trois quarks se levèrent et saluèrent.

« Nous sommes un groupe un et indivisible, reprit Uppo. Un quark ne s'échappe pas d'un proton ou de toute autre particule. Tout cela à cause du bleu, du rouge et du vert. Honneur à vous.

— Pardonnez-moi…, commença Alice.

— À vos souhaits ! » répondit Uppo en écho, mais Alice continua avec détermination : « Je ne comprends pas pourquoi vous parlez d'honneur.

— C'est normal, vous ne pouvez pas comprendre si je ne vous explique pas. Je veux dire par là que vous avez un argument irréfutable.

— Mais *honneur* ne veut rien dire de tel ! protesta Alice.

— Quand je choisis un mot, il a le sens que je veux lui donner, ni plus ni moins. Toute la question est de savoir qui est le maître. Mais avec les gluons, c'est une autre question, ajouta-t-il humblement. Pas moyen de les maîtriser, ils ne lâchent jamais prise, ce n'est pas comme les photons. Le problème, c'est que les gluons sont tous colorés et que la couleur crée des gluons comme la charge crée des photons. Aussi les gluons émettent-ils des gluons, qui émettent à leur tour d'autres gluons. Vous commencez avec un ou deux et vous vous retrouvez avec des centaines. C'est pareil avec la famille de ma femme quand elle nous rend visite. Et comme ils échangent tous des gluons, ils restent inséparables, tout comme ma belle-famille. Au lieu de se disperser en un nuage diffus comme les photons, ils s'entortillent les uns aux autres pour former les cordages colorés de gluons virtuels que vous voyez là. Comme ils restent collés les uns aux autres, ils ne sont pas libres de s'éloigner comme des photons. La *colle libre* est une contradiction interne.

« Quand un quark s'éloigne, il arrive vite au bout de sa laisse. Si nous possédons plus d'énergie, les gluons nous laissent plus de marge, mais nous restons toujours enchaînés. Aussi loin que nous parvenions à nous éloigner, l'attraction des gluons nous ramène toujours au bercail. Mais si nous ne pouvons pas nous libérer, nous pouvons quand même nous évader, avec l'aide de nos amis. »

Comme pour illustrer ces paroles, un photon de haute énergie arriva au beau milieu du petit groupe des quarks. Alice en fut très surprise, car elle ne s'était

L'existence de trois types différents de couleurs permet aux gluons d'être également colorés. Chaque gluon est un mélange de couleur et d'anti-couleur. Avec les photons, un mélange de charge et d'anti-charge donne une particule sans charge, mais les gluons peuvent mêler des couleurs différentes. Par exemple, un gluon peut être bleu et anti-vert. Un tel gluon n'est pas neutre et incolore, il est coloré et peut donc se comporter en source d'autres gluons. Cela implique que des gluons peuvent se souder les uns aux autres en longs rubans minces joignant les quarks les uns aux autres au lieu de se disperser comme des photons.

pas rendu compte de son approche. Elle prit soudain conscience du fait que les photons se déplacent si vite qu'elle n'avait jamais pu en voir un avant son arrivée. Ce photon percuta Strangeo, qui en fut tout excité et qui, pris de frénésie, se mit à courir en sonnant de la trompe. La chaîne de gluons qui le rattachait aux autres s'allongea de plus en plus, mais Alice s'aperçut que son diamètre ne diminuait pas. Elle ne donnait aucun signe de rupture et il était évident qu'elle pouvait s'allonger indéfiniment, mais que le quark évadé serait à court d'énergie bien avant de recouvrer la liberté. Alice n'était pas sitôt parvenue à cette conclusion que la chaîne se brisa !

Un instant auparavant, il y avait une longue chaîne de gluons absorbant toute l'énergie apportée par le photon, et maintenant il y avait deux très courtes chaînes et un espace de plus en plus vaste les séparant. De chaque côté de cet espace, un nouveau quark était apparu, ancré à chacun des bords de la fracture. Du côté de la chaîne, qui restait attaché aux deux quarks restés

avec Alice, se trouvait maintenant un quark identique à Downo, mais de couleur différente. Strangeo s'éloignait rapidement, remorquant un fragment de chaîne auquel était accroché une version inversée de Downo. Alice supposa à juste titre qu'il s'agissait d'un antiquark.

« Que s'est-il passé ? demanda Alice, interdite.

— Vous venez de voir un quark s'échapper avec l'aide d'amis des bas-fonds. Du vide, en fait. Impossible de se défaire d'un lien de gluon dès qu'il a vu la couleur d'un quark, il faut alors le leurrer avec quelque chose qui en a exactement l'aspect.

— Et de quoi s'agit-il ? demanda Alice.

— Eh bien, d'un autre quark, évidemment. Quand la chaîne de gluons s'est dilatée au point d'avoir assez d'énergie pour créer les masses de deux quarks, nous coupons la corde et nous y mettons notre ersatz. Un des bouts obtient un nouveau quark, et l'autre non.

— Un nom à cette corde n'y a-t-il pas ? demanda Downo (ou, plutôt l'un des Downos).

— Parfaitement. Il y a un quark d'un côté et un non-quark de l'autre.

— Qu'est-ce que c'est, un non-quark ? demanda Alice.

— Un antiquark. Une partie de la chaîne initiale a disparu au loin en emportant son énergie, et en enchaînant Strangeo au nouvel antiquark. Vous voyez, l'absence éloigne les gens.

— Strangeo s'est peut-être évadé, mais il n'est toujours pas libre, protesta Alice.

— Il était libre en étant lié. Il est désormais libéré de nous, mais il est toujours lié. Il est lié à son antiquark, lié avec son antiquark en un boson. Ils ressemblent à un pion, mais les pions sont souvent trompeurs et ils ont formé un kaon à la place. Vous ne verrez jamais un quark libre, ni une mer de quarks libres, mais c'est une autre histoire de famille !

— Des secrets cette mère a cachés ? demanda Downo.

— Non, la mer de quarks n'a rien d'immoral. Son seul désir est d'abriter les paires virtuelles de quarks et d'antiquarks.

— La morale je comprends, et abriter les pères vertueux je comprends, mais pourquoi le désir ? argumenta Downo.

— Oublie la mer, rétorqua Uppo, ou nous allons tous nous noyer. Mon propos, c'est qu'on ne verra jamais un pauvre quark solitaire loin de chez lui.

☞ note 3 p. 259

— Cela veut-il dire que vous devrez toujours rester ici sans espoir de changement ? demanda Alice.

— Oh, nous pouvons changer, ce n'est pas le problème. On dit toujours qu'un changement d'état vaut une bonne sieste ; quant à moi, je me sens tout à fait libre de discuter de l'interaction faible.

— J'en ai entendu parler en visitant le noyau. Je me souviens que cela a quelque chose à voir avec la désintégration bêta des noyaux, mais je ne sais pas de quoi il s'agit.

— C'est pareil. En fait, c'est une chose toute *bêtasse.* Un neutron se transforme tout *bêtament* à l'intérieur du noyau en un proton et un électron, plus une particule qu'on appelle un neutrino. Celui-là, il ne possède pas de masse, pas de charge, pas d'interaction forte. Il ne fait pas grand-chose la plupart du temps – je connais pas mal de gens de cette espèce, d'ailleurs – enfin, c'est ce qu'on raconte en tout cas. Ce qui se passe en vérité, je vous le dis, c'est qu'un quark-down à l'intérieur du neutron se transforme en un quark-up, un électron et un neutrino. Quand un quark-down devient un quark-up, tout augmente. La charge augmente, le neutron devient un proton, et, paf, vous y êtes. Restez dans les parages, vous aurez peut-être la chance d'assister à ce phénomène. »

Il avait à peine fini que, par une étonnante coïncidence, l'un des deux Downos devint flou et commença à perdre son identité. Un instant après, Downo n'était plus là mais un double d'Uppo se tenait à sa place. Il bougea un peu, et Alice vit un électron partir précipitamment, suivi d'une autre particule. De celle-là, Alice n'eut que l'impression fugitive d'un objet à peine perceptible et très difficile à discerner. Elle supposa qu'il devait s'agir du neutrino, jouant son rôle habituel consistant à ignorer tout et tout le monde et à passer inaperçu.

Le groupe des trois quarks rassemblait maintenant à un Downo et deux Uppos identiques. Identiques, à ceci près que l'un était vert et l'autre bleu. « Eh bien, dit Alice, voilà un phénomène bien remarquable. »

Les deux Uppos répondirent poliment, en parfait unisson : « Voilà un phénomène bien remarquable. Mais à quoi pouviez-vous vous attendre ? continuèrent-ils, quand les particules échangées dans une interaction possèdent une charge électrique ? Les photons n'ont pas de charge, mais nous ne sommes pas à Reischoffen pour admirer la charge des cuirassiers. Quand une source émet une particule chargée, elle doit lui fournir cette charge. Aucune fluctuation n'est ici permise, vous le savez. Et quand la charge de la particule émettrice change, elle est considérée comme une particule différente. Vous avez déjà dû entendre parler de l'équilibre des charges ! C'est ainsi que changent les quarks, ajoutèrent-ils.

— Mais d'où vient l'électron ? demanda Alice, qui trouvait l'explication quelque peu sommaire.

— Les particules échangées dans une interaction faible s'appellent W, répondit Uppo.

— Quoi ? s'exclama Alice, qui ne voyait pas le rapport et en oubliait sa bonne éducation.

— Non, pas Quoi, simplement W. D'accord, ce n'est pas un nom très digne, mais ils n'ont rien d'autre, les pauvres. Ils sont deux, vous savez, l'un est W-plus et l'autre W-moins. Personne ne leur a jamais demandé à quoi ce W faisait allusion, continua-t-il, pensif. Quoi qu'il en soit, ces W, comme les appellent leur amis, sont très sympathiques. Ils se mêlent à tout le monde, interagissent avec les leptons aussi bien qu'avec les hadrons, avec les électrons comme avec les particules interagissant fortement. Aussi, quand un quark-down décide que l'heure est venue de devenir un quark-up, il augmente sa charge électrique et émet un W-moins pour équilibrer les comptes. Ce W applique à son tour les règles, et il interagit avec un neutrino de passage, qui n'a pas de charge électrique, en le transformant en électron. Cet électron se retrouve au milieu d'une foule de particules interagissant fortement, là où il n'a pas lieu d'être, et il s'en va aussi vite qu'il peut.

☞ note 4 p. 259

— Mais où le W trouve-t-il donc un neutrino à changer en électron ? interrogea Alice très étonnée. Je ne crois pas que le neutrino était là auparavant, et j'ai bien cru le voir partir après la désintégration, en même temps que l'électron.

— Ah, c'est là que vous vous trompez ! Vous croyez qu'il devrait être présent avant la désintégration, mais, en réalité, il est présent après. Vous vous attendez à le voir arriver du passé, mais il déjoue votre attente en arrivant du futur, juste au moment où l'on a besoin de lui. Bien entendu, puisqu'il arrive du futur, il est encore là après, puisqu'il se trouve sur la route qui l'amène. De cette façon, il est à la fois le neutrino que le W convertit en électron et celui qui est émis ensuite. C'est une solution très économique.

— Mais comment peut-il arriver du futur ? » demanda Alice. En disant cela, elle eut le sentiment très net qu'elle connaissait déjà la réponse.

« C'est un antineutrino, bien sûr, l'un de mes antis préférés. Chaque particule possède son antiparticule qui voyage à l'envers dans le temps et est son contraire sous tous les aspects. C'est le grand principe des antiparticules : quoi que ce soit, elles sont contre.

— Et vous n'avez aucun moyen de vous libérer un jour ? demanda Alice pour éclaircir complètement ce point.

— Non, absolument aucun moyen ! lui assurèrent-ils tous en chœur.

— Alors, je ne pourrai jamais partir ? » demanda Alice, consternée. Elle n'avait aucune envie de rester ainsi piégée avec eux pour toujours.

« Mais si ! Vous n'avez pas de couleur et les gluons ne s'attachent donc pas à vous. Vous êtes l'un des êtres les plus incolores que nous ayons jamais rencontré, et rien ne vous retient. Vous pouvez vous éclipser quand il vous plaira, nous ne nous en rendrons même pas compte. Vous pouvez vous lever et partir, mais n'oubliez pas le pourboire. »

Cela paraissait un peu trop simple, mais Alice essaya quand même. Elle se redressa, et elle constata qu'effectivement rien ne l'avait jamais empêchée de quitter le groupe à tout instant. Elle s'étira, engourdie par sa longue position repliée dans un si petit espace, regarda autour d'elle, et se retrouva nez à nez avec le maître de cérémonie. Le sourire figé de son masque se trouvait juste devant ses yeux, et elle le fixa, hypnotisée par ce large rictus et les gouffres noirs des yeux au-dessus. Dans leur sombre profondeur, là où auraient dû se trouver ses yeux, elle crut apercevoir une intense lumière bleue, comme une étoile distante par une claire nuit d'hiver.

« Alors, qu'avez-vous pensé de votre rencontre avec les quarks ? lui demanda-t-il joyeusement.

— C'était très intéressant, lui répondit-elle avec sincérité. Ce sont des personnages hauts en couleur, mais je les ai trouvés assez changeants. Était-ce la dernière fois que les masques tombaient cette nuit, ou y aura-t-il encore des niveaux successifs de vérité avant que je parvienne à voir la réalité telle qu'elle est ?

— Qui peut le dire ? riposta le maître de cérémonie. Comment pourrez-vous jamais savoir si vous regardez le visage nu de la Nature, ou si vous contemplez un nouveau masque encore ? Ce soir, il ne reste qu'un dernier masque à tomber. Je dois encore ôter le mien. »

Tandis qu'il parlait, le projecteur qui l'avait maintenu toute la nuit dans son halo brillant commença à baisser, et la lumière des lustres devint encore plus faible qu'elle ne l'avait été jusqu'à présent. Tandis que les lumières s'éteignaient, le maître de cérémonie porta les mains à son visage et retira lentement son masque.

Dans la lumière évanescente, Alice contempla le visage derrière le masque. Elle ne vit rien d'autre qu'un ovale lisse et vide, sans aucun trait discernable. Elle regarda avec saisissement ce visage énigmatique et, dans le dernier rai de lumière, elle vit le masque lui faire un clin d'œil.

Notes

1. Les protons et les neutrons qui peuplent le noyau, et que l'on appelle collectivement des nucléons, sont des exemples de particules interagissant fortement, des hadrons. Il existe beaucoup de hadrons différents, mais toutes les particules n'interagissent pas fortement.
La classe de particules qu'on appelle les leptons est totalement insensible à l'interaction forte. Les électrons font partie de cette classe, et ils ne sont donc pas liés aux nucléons dans le noyau. Ils ne perçoivent le noyau que sous la forme d'une charge électrique positive qui les maintient faiblement liés à l'intérieur de l'atome.
Les expériences de physique des hautes énergies ont permis de découvrir des centaines de hadrons. Cette situation évoque un scénario très courant en physique : quand une classe contient un très grand nombre de membres, ceux-ci se révèlent composés d'éléments plus fondamentaux.
Il existe 92 variétés d'atomes naturels, et toutes sont formées d'un nombre variable d'électrons associés à un noyau central. Les noyaux sont à leur tour formés de neutrons et de protons liés par l'échange de pions, comme nous l'avons dit dans le chapitre précédent. Le neutron et le proton sont eux-mêmes membres d'une classe qui en contient des centaines d'autres, comme le K, le ρ, le ω, le Λ, le Σ, le Ξ, le Ω, le Δ et bien d'autres. Nous savons maintenant que toutes ces particules sont formées de quarks.

2. Les quarks sont liés les uns aux autres par une force analogue à l'interaction électromagnétique, mais différente. Cette force n'agit pas sur la charge électrique mais sur quelque chose de distinct, qu'on appelle la charge de couleur ou, plus brièvement, la couleur. Celle-ci n'a absolument rien à voir avec la couleur au sens habituel du terme, ce n'est qu'une étiquette donnée à quelque chose d'entièrement nouveau. Il est sans doute dommage que le mot couleur soit déjà utilisé par ailleurs, mais ce n'est pas la première fois qu'un mot possède deux sens différents.

L'interaction entre deux particules chargées est due à l'échange de photons virtuels. L'interaction entre les quarks découle de l'échange d'une nouvelle classe de particules virtuelles, les gluons. Les deux interactions présentent des différences importantes.

Il n'y a que deux formes de charges électriques, positive et négative, et les photons échangés entre des particules chargées sont électriquement neutres, ne portent pas de charge électrique et n'émettent donc pas de photons virtuels à leur tour. Il n'existe qu'une seule façon de produire un objet de charge neutre, c'est d'associer charges positives et négatives (charges et anticharges).

Les gluons échangés entre les quarks sont émis par une forme de charge portée par les quarks, mais très différente de leur charge électrique. On l'appelle la charge de couleur. Il existe trois formes de charge de couleur, que l'on intitule, par convention, bleu, rouge et vert, sans lien aucun avec les couleurs de ce nom. À chaque couleur est associée une anticouleur, comme la charge négative est l'anticharge d'une charge positive.

Il existe deux façons de produire un objet de « couleur » neutre : une combinaison de couleur et d'anticouleur, à la manière des objets électriquement neutres, ou une combinaison des trois couleurs de quarks ensemble. Dans le premier cas, on obtient un boson et dans le second un fermion.

3. Quand des particules sont liées par l'interaction électrique, l'énergie potentielle de la liaison diminue rapidement quand les particules s'éloignent l'une de l'autre.
Une particule qui reçoit assez d'énergie peut se libérer totalement de l'autre, telle une fusée atteignant la vitesse de libération de l'attraction terrestre. En revanche, une chaîne de gluons déjà étirée requiert autant d'énergie pour s'allonger un peu plus qu'elle en a utilisé jusque-là. C'est un peu comme de tirer sur un élastique : cela ne devient pas plus facile quand il est déjà étiré. L'analogie va plus loin : si vous continuez à tirer sur une chaîne de gluons, elle se brise.
La chaîne de gluons est capable d'absorber de plus en plus d'énergie en s'étirant au fur et à mesure de l'écartement des quarks qu'elle relie. Quand l'énergie de la chaîne devient suffisante pour créer une paire quark-antiquark, la chaîne se brise, et à ses extrémités apparaissent les charges de couleurs du nouveau quark et du nouvel antiquark. À la place du système initial de trois quarks se trouvent deux systèmes distincts, l'un de trois quarks et l'autre d'une paire quark-antiquark. Au lieu de libérer un quark, l'énergie fournie a créé une nouvelle particule, un boson. C'est toujours ce qui arrive et des quarks libres ne sont jamais produits.

4. Bien que les quarks ne puissent s'échapper des « particules » dans lesquelles ils sont confinés, ils peuvent changer de type.
Ce processus particulier est appelé l'interaction faible. Celle-ci a l'esprit large et peut se produire avec pratiquement n'importe quoi. L'interaction électromagnétique n'affecte que les particules qui possèdent une charge électrique, l'interaction forte n'affecte que les hadrons et pas les leptons, mais l'interaction faible les affecte tous. Son effet est cependant lent et, comme son nom l'indique, faible.

La particularité de l'interaction faible est de changer l'identité des quarks, et de transformer un quark-down ou un quark étrange en quark-up. Ce processus modifie la charge électrique du quark, et l'écart de charge est confié au « boson W », la particule échangée dans une interaction faible. Cette charge peut ensuite être confiée à des leptons nouvellement créés, un électron et un lepton électriquement neutre, de masse nulle ou négligeable, l'antineutrino.

C'est le mécanisme responsable de la désintégration nucléaire bêta, au cours de laquelle un noyau radioactif émet un électron rapide. Ce processus est connu depuis près d'un siècle, mais il a paru longtemps bizarre parce qu'il était évident qu'il n'y avait pas dans le noyau d'électrons capables d'être ainsi émis. En réalité, l'électron est créé lors du processus de désintégration et, comme il n'est pas lié, il quitte le noyau immédiatement.

Chapitre dixième

La phoire à la physique

Les ténèbres se dissipèrent lentement autour d'Alice. Ses yeux furent éblouis par un chaos de lumière brillante et de couleurs éclatantes, tandis que ses oreilles étaient assourdies par une cacophonie envahissante. Elle se trouvait au milieu d'une foule bariolée et joyeuse. Il semblait y avoir toute sorte de gens dans tous les costumes imaginables. Certains portaient des blouses blanches, tels des savants dans leur laboratoire, tandis que d'autres portaient des vêtements de ville, voire des costumes de cérémonie. On voyait des vêtements de tous les pays et de toutes les époques.

Des hommes en burnous en côtoyaient certains en redingote qui arboraient d'impressionnants favoris broussailleux, et plusieurs Chinois aux longues nattes portaient leur tenue traditionnelle aux manches évasées. Un individu hirsute, engoncé dans des fourrures, passa en portant une roue grossière sculptée dans la pierre. Sur le côté de la roue, on avait soigneusement gravé les mots :

BREVETÉ SGDG

Un homme en particulier attira son attention. Une sorte d'aura émanait de lui, sans qu'elle puisse dire exactement pourquoi. Son regard brûlant brillait dans son visage pâle, sous une lourde perruque de la fin du XVIIe siècle. Il marchait perdu dans un rêve, en mordant une pomme rouge.

« Mais où donc suis-je tombée ? se demanda Alice à haute voix, sans attendre vraiment de réponse au milieu du brouhaha qui l'entourait.

— Vous êtes à la phoire à la physique », lui répondit à sa grande surprise une voix familière. Alice regarda à côté d'elle et vit qu'elle était à nouveau accompagnée par le mécanicien quantique. Il lui indiqua une banderole au-dessus de l'allée dans laquelle ils avançaient. Elle indiquait :

PHOIRE À LA PHYSIQUE

« L'orthographe me paraît bizarre », commenta Alice. C'était la première chose qui lui était venue à l'esprit.

« À quoi d'autre vous attendre de la part des physiciens ? Vous êtes ici au carnaval des observations empiriques et vous y trouverez de nombreuses démonstrations des phénomènes physiques et des spectacles forains tournant autour des résultats expérimentaux. »

Alice laissa son regard errer autour d'elle, et vit une remarquable variété de tentes et de stands, avec çà et là un bâtiment un peu plus important. Tous portaient de grandes affiches aux couleurs voyantes qui se disputaient l'attention de la foule. Elle en lut quelques-unes :

VIVEZ LES SENSATIONS FORTES DES COLLISIONS DE PARTICULES.
CHASSEZ LE NEUTRINO.
ÉJECTEZ LE QUARK ET GAGNEZ LE PRIX NOBEL.

Il y eut un mouvement dans la foule près d'eux, et Alice vit un homme chauve à la longue barbe, enveloppé dans une sorte de grand drap blanc. Il se frayait un chemin à travers la foule, gêné par la grande pancarte qu'il portait dans une main et par la perche incroyablement longue qu'il tenait dans l'autre. Alice observa soigneusement la pancarte. En haut, elle distinguait à peine les mots à demi effacés :

SENTEZ COMME LA TERRE BOUGE !

Au-dessous des mots raturés, elle lut le message ainsi modifié :

REGARDEZ-MOI DÉPLACER LE MONDE !

« Qui est-ce ? demanda Alice. Qu'a-t-il l'intention de faire ?

— Oh, c'est un philosophe grec bien connu. Apparemment, il veut nous refaire son vieux truc de *déplacer le monde.*

— Vraiment ? s'exclama Alice. Est-ce qu'il déplace souvent le monde ?

— Oh non, pas du tout. Il ne trouve jamais de point fixe où appuyer son levier. »

Comme cela ne semblait pas présenter un grand intérêt dans l'immédiat, Alice regarda autour d'elle à la recherche de quelque chose de plus prometteur. Son attention fut attirée par un stand voisin qui arborait l'enseigne *Aux canons photoélectriques.* Il s'agissait d'une sorte de canon stylisé avec lequel le joueur pouvait diriger un rayon de lumière sur une surface métallique. La lumière provoquait l'émission d'électrons à l'endroit touché, et il s'agissait d'envoyer les électrons dans une sorte de cuvette placée à quelque distance. C'est ce que l'animateur du stand expliqua à Alice, qui trouva cela assez facile, même quand on lui précisa que, pour donner un peu de piquant au jeu, un faible champ électrique freinait les électrons et les arrêtait juste avant la cuvette. Après tout, expliqua l'animateur, le joueur disposait d'un bouton qui lui permettait d'augmenter considérablement l'intensité de la lumière. Alice essaya, mais malgré tous ses efforts, elle se rendit compte qu'elle ne pouvait envoyer aucun électron au-delà de ce dernier bref intervalle. Elle augmentait de plus en plus l'intensité de la lumière, et de plus en plus d'électrons étaient émis, mais tous étaient arrêtés au dernier moment par le champ électrique.

« Ce n'est vraiment pas juste ! s'exclama Alice, au comble de la frustration.

— J'ai bien peur que vous ne puissiez pas vous attendre à autre chose, lui répondit tristement son compagnon. Vous comprenez, vous n'aviez que le contrôle de l'intensité de la lumière, mais pas de sa couleur. Si la lumière était une onde classique, augmenter son intensité pourrait normalement accroître la perturbation associée. Cela donnerait alors plus d'énergie aux électrons émis de la surface du métal. Mais en réalité, c'est la couleur (c'est-à-dire la fréquence) de la lumière qui décide de l'énergie des photons individuels qui la composent. Comme on ne vous a laissé aucun moyen de la modifier, vous ne pouvez pas changer l'énergie des photons ni celle des électrons que les photons éjectent de la surface métallique. Ce stand a bien entendu été soigneusement conçu pour que cette énergie ne suffise pas tout à fait à compenser le champ électrique. En augmentant l'intensité de la lumière, vous avez envoyé plus de photons sur la surface, et ces photons ont produit plus d'électrons. Mais ils avaient tous la même énergie, et cette énergie n'était jamais suffisante pour que l'électron aboutisse dans le collecteur. Vous n'avez aucune chance de gagner à ce jeu. »

Alice se sentit victime d'une tricherie dans cette expérience, et elle chercha quelque chose d'autre. Un petit stand à côté d'elle annonçait :

ENTREZ ! ENTREZ !
ADMIREZ LA PLUS GRANDE COLLECTION AU MONDE
DE QUARKS EN CAPTIVITÉ

Alice et son compagnon se glissèrent sous la tente, où le bonimenteur expliquait à un petit groupe la chance exceptionnelle qu'ils avaient de voir six quarks capturés et exhibés pour leur plaisir. Alice regarda le spectacle. Aucun des quarks n'était bien sûr isolé. Ils étaient tous réunis par couple, chacun indissolublement lié à son antiquark. Alice comprit que c'était ce qui se rapprochait le plus d'une collection de quarks isolés. « Après tout, pensa-t-elle, il a bien dit qu'ils étaient en captivité. »

La description quantique du monde est assez éloignée de nos attentes. Toutefois, nous y croyons parce que ses prédictions s'accordent aux résultats expérimentaux. C'est la seule théorie qui fournisse une explication remarquablement fiable du comportement de la matière à l'échelle atomique.
Les principaux aspects du comportement quantique sont la détection de particules discrètes et l'observation d'interférences.
L'existence de quanta est démontrée par l'effet photoélectrique, qui est la production d'électrons par la lumière tombant sur une surface métallique. Le seul résultat obtenu en intensifiant la lumière est l'augmentation du nombre de photons présents et, par suite, du nombre de photons émis. Chaque photon interagit individuellement, et si la fréquence de la lumière ne change pas, chaque photon a toujours la même énergie, et l'énergie des électrons émis reste identique quelle que soit l'intensité de la lumière. Cela diffère tout à fait du comportement d'une onde classique, où une intensité plus grande implique une plus grande énergie.

Alice regarda les couples assemblés. Ils étaient présentés sur un podium à plusieurs niveaux, les combinaisons les plus lourdes au niveau le plus élevé. Elle vit un quark-up fronçant ses épais sourcils comme auparavant, un quark-down et, un peu au-dessus, un quark étrange avec ses flamboyants cheveux bouclés.

En dehors de ces trois types qu'elle avait déjà rencontrés au bal masqué, il y en avait deux autres encore plus haut. L'un avait une personnalité séduisante, et Alice aperçut un bref éclair de lumière sur un sourire aux dents d'une incroyable blancheur.

« Voici le charme en personne, le quark charmé, comme on l'appelle », murmura le mécanicien quantique à son oreille. L'autre nouveau quark était encore plus lourd, et comme il était placé très haut, Alice le voyait encore moins bien que les autres particules qu'elle avait rencontrées. Son compagnon lui présenta le quark-bottom.

Alice leva alors les yeux pour voir le sixième quark. Il y avait une place sur le podium, mais elle était vide. Il n'y avait aucun signe du sixième quark, qui était le quark-top, lui dit-on.

D'autres membres de l'assistance avaient aussi remarqué l'absence de ce sixième quark, et les protestations s'élevaient bruyamment. « D'accord, d'accord ! dit le bonimenteur pour calmer la foule. Je sais qu'il est ici quelque part. Le quark-top est le plus lourd de tous, nous devons le chercher à haute énergie, mais il est certainement présent. » Il se saisit d'un grand filet à papillons posé à côté, grimpa sur un escabeau et commença à faire de grands gestes avec son filet près du toit de la tente.

L'auditoire s'agitait de plus en plus et des remarques désobligeantes fusaient de toutes parts. Peu à peu, l'humeur de la foule se dégrada et des gens com-

mençaient à sortir en criant qu'ils écriraient pour se plaindre à leur revue technique préférée.

« Venez, dit le mécanicien quantique à Alice, nous n'avons plus rien à faire ici. »

Ils sortirent et l'attention d'Alice fut attirée par un autre stand autour duquel la foule s'agglutinait. Les gens lançaient des balles sur les différents prix qu'ils pourraient gagner s'ils arrivaient à les faire dégringoler de leur support. Cela ressemblait beaucoup à un stand de fête foraine tel qu'elle en connaissait près de chez elle. La différence était ici que les compétiteurs se trouvaient séparés de leur cible par une grille formée de fins barreaux équidistants.

Alice observa quelque temps les joueurs et elle remarqua que lorsqu'une balle était lancée, elle devenait indistincte et qu'il était impossible de la suivre jusqu'à ce qu'elle heurte le mur fermant le stand. Elle se rendit compte que la plupart des balles touchaient le mur plutôt que les prix. Peu à peu, des piles de balles s'élevèrent à l'endroit qu'elles avaient atteint, et Alice observa qu'elles se situaient exactement dans les intervalles entre les prix.

« Vous avez parfaitement compris, dit une voix à son oreille, qui semblait lire dans ses pensées. Les barreaux équidistants sont là pour provoquer des interférences, et donner aux balles une probabilité beaucoup plus grande d'aboutir à certains endroits. Bien entendu, les minima, les endroits où la probabilité de trouver une balle est minimale, sont disposés là où se trouvent les prix.

— Cela ne me paraît pas très *fair-play*, remarqua Alice.

— Oui, peut-être, mais, après tout, il faut bien que le propriétaire du stand gagne sa vie, alors il ne peut pas offrir les prix trop souvent. En réalité, il y a quand même une petite probabilité qu'une balle arrive à un minimum, et certains prix sont parfois gagnés. »

Récemment, l'existence du quark-top a été confirmée et sa masse reconnue comme très haute. Le quark-top complète donc le tableau des types déjà connus. On pense, pour le moment, qu'il n'existe que six types de quarks et un ensemble similaire de six leptons.
Les quarks sont-ils à leur tour composés de quelque chose de plus fondamental ? Il n'existe pas de réponse pour l'instant.

Alice continuait à penser que ce n'était quand même pas très juste, mais avant même qu'elle relance la discussion, son attention fut détournée par un grand pavillon sur le côté. Une énorme enseigne clignotait sur le toit, promettant :

LE GRAND PARADOXUS
UNE FANTOMATIQUE ACTION À DISTANCE !

Sous l'enseigne, une série de grandes affiches étaient placardées sur la façade :

EXTRAORDINAIREMENT EFFARANT !
PARADOXALEMENT INCOMPRÉHENSIBLE !
RÉELLEMENT SURPRENANT DANS L'ENSEMBLE !

Alice et son compagnon se dirigèrent vers ce bâtiment et rejoignirent le flux qui y pénétrait. Après avoir passé la porte, ils se retrouvèrent dans une vaste salle au plafond très élevé. Au centre, se dressait une plate-forme, de chaque côté de laquelle des rampes

On observe les particules, ou quanta, localisées en un endroit et non dispersées sur une grande étendue comme une onde classique.
Cependant, les particules ont parfois le comportement d'ondes et montrent des effets d'interférence entre les différentes amplitudes qui décrivent ce qu'une particule peut accomplir.
L'interférence est démontrée par la diffraction des électrons par un réseau régulier tel que celui des atomes dans un cristal, et on peut la réaliser à une intensité si faible qu'un seul électron est présent à la fois.

conduisaient aux portes s'ouvrant aux deux extrémités du bâtiment. Au pied de chaque rampe était posé un court cylindre de métal au nez pointu. De courts ailerons en hérissaient l'arrière.

Sur la plate-forme se tenait une haute silhouette dans un grand manteau noir, les cheveux gominés, la longue et fine moustache se redressant : le Grand Paradoxus.

« Bonsoir mesdames et messieurs ! leur dit-il pour les accueillir. Ce soir, je vais mener une petite expérience sur la réduction des amplitudes. Ici, sur la plate-forme derrière moi, vous voyez une source qui va émettre deux photons dans des directions exactement opposées. Comme vous le savez, si vous mesurez le spin des photons dans la direction de votre choix, vous constaterez que leur spin est orienté soit vers le haut, soit vers le bas, aucun choix intermédiaire n'étant possible. » Alice ne savait pas cela, bien qu'elle ait déjà entendu parler d'électrons avec leur spin vers le haut et vers le bas, mais toutes les autres personnes présentes hochaient savamment la tête, aussi pensa-t-elle que c'était vrai.

« Comme je le disais, continua le Grand Paradoxus, *si* vous mesurez le spin, vous le trouverez orienté soit vers le haut, soit vers le bas, mais *si* vous ne le mesurez pas, il y aura alors un mélange, une superposition d'états correspondant aux deux directions du spin. C'est uniquement quand vous mesurez le spin que les amplitudes sont réduites. L'une sera sélectionnée et l'autre disparaîtra. Maintenant, dit-il brusquement, la source que vous voyez ici effectue des transitions depuis des états qui n'ont pas de spin. Le spin total des deux particules produites est donc obligatoirement zéro. Cela veut dire, expliqua-t-il gentiment, que les spins des deux photons doivent être opposés : si l'un a un spin orienté vers le haut, l'autre doit avoir un spin vers le bas. Mais je vous prie de noter que la direction des spins des photons n'est sélectionnée à partir de la superposition des états que lorsque la mesure en est faite. En tout cas, c'est ainsi que les choses sont en général interprétées. Vous comprenez donc que lorsqu'une mesure est effectuée sur l'un des photons, et que l'on découvre que son spin est orienté vers le haut, par exemple, la superposition des amplitudes pour ce photon est réduite à l'état correspondant.

« Pourtant, continua Paradoxus en se dressant de toute sa hauteur, la superposition de l'autre photon doit immédiatement se réduire elle aussi, puisque nous savons que ce photon a un spin opposé. Cela doit se produire quelle que soit la distance qui sépare alors les photons, même s'ils sont arrivés sur des étoiles différentes. Au cours de cette démonstration, nous ne ferons pas nos mesures en des endroits aussi éloignés, dit-il dans un sourire à son auditoire. Je fais maintenant appel à deux volontaires, deux expérimentateurs dignes de confiance qui accepteront de voyager aux extrémités du pays des quanta pour y faire des observations pour nous. »

☞ note 1 p. 285

Des discussions se firent entendre dans la foule, et deux personnes furent poussées en avant. Toutes deux étaient vêtues de longues redingotes et de pantalons étroits, et arboraient des favoris broussailleux. Elles portaient l'une comme l'autre un gilet, orné d'une chaîne d'or reliée à une montre que son propriétaire avait de toute évidence mise à l'heure en la comparant à une horloge fiable. Ces deux personnages n'étaient pas absolument identiques, puisque seules les particules sont parfaitement identiques, mais ils se ressemblaient vraiment beaucoup. Ils étaient de

toute évidence des observateurs honorables, honnêtes, fiables, compétents et consciencieux. S'ils affirmaient avoir observé quelque chose, jamais personne n'aurait l'idée de le contester.

Paradoxus leur confia à chacun un polarimètre, instrument permettant de mesurer la direction du spin des particules. Avec une précision toute militaire, chacun démonta son instrument, l'examina pour s'assurer qu'il n'avait pas de caractéristique inhabituelle et le réassembla rapidement.

L'animateur pria alors deux séduisantes assistantes d'accompagner les volontaires jusqu'aux cylindres de métal et d'ouvrir une porte sur le flanc de chaque fusée. Pour une raison inconnue, les deux observateurs se mirent un chapeau haut de forme sur la tête avant de se glisser dans l'espace réduit à l'intérieur de la fusée. Les assistantes fermèrent les portes, allumèrent une mèche à l'arrière de chaque cylindre et s'écartèrent très rapidement. Dans un rugissement, les petites fusées s'élancèrent sur les rampes, traversèrent les portes situées aux extrémités du pavillon et s'élevèrent dans le ciel en direction de l'horizon.

« Attendons maintenant qu'ils arrivent, annonça l'animateur. Dès qu'ils seront à destination, ils enverront un message par cette ligne télégraphique. » Il montra deux sonnettes posées sur des petites tables aux deux extrémités de la plate-forme. Tout le monde les regardait en attendant qu'elles sonnent pour indiquer la suite du spectacle. L'attente fut longue.

« Tout le monde semble très patient, remarqua Alice qui commençait un peu à s'agiter.

— Ils sont obligés de l'être, répondit le mécanicien quantique. Les expérimentateurs apprennent tous la patience. »

Enfin une sonnette retentit, puis une seconde immédiatement après. Les deux observateurs étaient à leur place, et Paradoxus ouvrit d'un geste théâtral les fenêtres situées de chaque côté de sa source de photons. Deux par deux, les photons partirent dans des directions opposées.

Au bout d'un moment, Paradoxus referma les fenêtres et il y eut de nouveau une longue attente. « Je me demande ce que nous attendons maintenant », se dit Alice, qui trouvait que le divertissement aurait pu être un tout petit peu plus rythmé. Il y eut un battement d'ailes, et un pigeon voyageur entra par la porte qui s'ouvrait à l'une des entrées du bâtiment. L'une des assistantes l'attrapa avec habileté. Peu après, un pigeon arriva par l'autre porte, et les messages qu'ils apportaient purent être comparés. Paradoxus brandit les deux messages qui montraient une corrélation parfaite. Chaque photon partant d'un côté avec un spin vers le haut était invariablement accompagné par un photon détecté avec un spin vers le bas de l'autre côté. Pourtant, les deux détecteurs étaient trop distants pour avoir eu le temps d'échanger une quelconque information.

« Il n'y a pas de mystère ! » cria quelqu'un de l'autre côté de la pièce. La voix venait d'une haute silhouette qu'Alice distinguait à peine, mais qui ressemblait beaucoup au mécanicien classique. Celui-ci continua : « Il est parfaitement évident que les photons possèdent déjà une direction définie pour leur spin quand ils quittent la source. Ils savent qui ils sont, et que leurs directions sont opposées. Par conséquent, la distance à laquelle ils se trouvent quand ils sont détectés n'a aucune importance : on observe la direction du spin qui était déjà fixée au moment de leur émission.

— Votre argumentation paraît tout à fait raisonnable, n'est-ce pas ? dit en souriant l'animateur, qui n'avait pas du tout l'air démonté. Nous allons étendre un peu notre démonstration. Vous dites que c'est au moment de l'émission qu'il est décidé si les photons ont un spin vers le haut ou vers le bas, et qu'ils emportent cette information avec eux pendant leur voyage. Que se passerait-il en ce cas si nos deux observateurs décidaient de mesurer le spin dans d'autres directions, mettons vers la gauche et vers la droite, ou dans toute direction intermédiaire ? Que se passerait-il si nos observateurs orientaient leur polarimètre à leur gré, sans nous en référer, et sans collaborer l'un avec l'autre ? Serait-il possible que la source connaisse d'avance l'information qu'elle doit transmettre avec les particules pour que leurs spins s'ajustent correctement *quelles que soient les orientations choisies* par nos amis ? Je ne crois pas ! »

Il écrivit rapidement de nouvelles instructions destinées aux observateurs sur des feuilles qu'il attacha aux pattes des pigeons, et les renvoya à leur point de départ. Après un moment, les sonnettes retentirent, indiquant que les observateurs avaient bien reçu les messages et qu'ils les avaient compris. D'un geste théâtral, Paradoxus ouvrit à nouveau les fenêtres de la source centrale et laissa le flux de photons en sortir. Puis il les referma, et l'attente reprit. Alice commençait à trouver le temps bien long, quand elle entendit un rugissement grandissant qui venait de chaque côté du bâtiment. Le vacarme augmenta et elle vit les deux fusées pénétrer par les portes latérales et se poser sur les rampes d'où elles avaient pris leur envol. Les fusées fumèrent encore un peu, puis les portes s'ouvrirent et les deux messieurs en descendirent, le chapeau haut de

forme sur la tête. Ils se dirigèrent vers l'animateur et lui remirent leurs notes.

Alice eut l'impression que toute la foule présente se ruait vers eux, chacun voulant être le premier à avoir un aperçu du résultat. Un tumulte s'éleva, les discussions s'échauffèrent et les arguments fusèrent tandis que tous se lançaient dans leurs calculs. Les uns pianotaient sur leurs ordinateurs portables, d'autres tapaient sur leurs calculettes, certains maniaient des règles à calcul, l'un avait une étrange calculatrice mécanique avec des quantités de roues dentées. Le groupe de Chinois qu'elle avait remarqué plus tôt était là aussi, et ils manipulaient leurs bouliers avec une effarante dextérité, les boules glissant sur leurs tiges plus vite que l'œil ne pouvait les suivre. Même l'individu hirsute en fourrures était présent, et il avait abandonné sa roue pour se lancer dans des opérations complexes avec des piles de petits galets.

Les discussions s'apaisèrent progressivement et tous parvinrent à la même conclusion. Il était parfaitement exact, dirent-ils tous, qu'il y avait un accord inexpliqué entre les orientations des spins des deux photons. Même quand des changements arbitraires étaient effectués dans le choix des directions d'orientation à mesurer, les corrélations étaient toujours supérieures à ce que pouvait expliquer une information transmise en même temps que les photons. C'était Bell et bien clair, dirent-ils tous. Alice ne trouvait pas cela si limpide, mais comme tout le monde semblait de cet avis, elle admit que c'était sans doute vrai.

« Un résultat très intéressant », remarqua le mécanicien quantique quand il revint vers Alice. La plupart des autres personnes présentes discutaient encore âprement, malgré leur accord apparent. « Ce résultat démontre que le comportement de la fonction d'onde en des lieux différents ne peut pas être conditionné par des messages transmis de l'un à l'autre. Tout simplement, il n'y a pas assez de temps pour cela. C'est un Aspect entièrement neuf de la nature quantique qui se révèle. »

☞ note 2 p. 286

C'était sûrement très intéressant, mais Alice trouvait qu'ils avaient déjà passé trop de temps à attendre qu'il arrive quelque chose, et elle souhaitait un peu plus d'action. Ils quittèrent donc le pavillon et partirent vers les manèges et toboggans.

« Il faudra vous comporter comme une particule électriquement chargée si vous voulez monter dans un de ces manèges, lui précisa le mécanicien quantique. Tous les manèges fonctionnent ici par accélération électrique, et ils ne marchent donc que pour des particules chargées. Dans la mesure où vous êtes ici une sorte de particule honoraire, je ne vois pas d'objection à ce que vous soyez une particule chargée aussi bien qu'une particule neutre. »

Ils arrivèrent devant un bâtiment très long, sur lequel une enseigne annonçait :

SURFEZ SUR L'ONDE !

SURFEZ SUR L'ONDE ÉLECTROMAGNÉTIQUE MILLE APRÈS MILLE

(CELA FAIT DEUX MILLES, COMPTEZ-LES !)

Une file d'électrons s'alignait devant l'entrée ; ils étaient tout excités en attendant leur tour. Alice n'avait pas tellement envie de cela, elle aurait préféré une grande roue comme celle sur laquelle elle était montée pendant les festivités près de chez elle.

Elle en parla à son compagnon, qui lui promit de la conduire aux machines circulaires. Sur le chemin, ils croisèrent un cortège de chars de carnaval, dont chacun portait, en un équilibre précaire, un immense appareillage formé d'un énorme aimant de fer entouré de spires de cuivre avec quantité d'instruments bizarres au centre, d'où partait un amas de fils et de câbles.

« Comment ces chars soutiennent-ils tout ce poids ? demanda Alice. Ne sont-ils pas écrasés par ces énormes masses de métal ?

— Oh, ils le seraient certainement si tous ces équipements étaient réels, mais vous assistez au cortège des propositions d'expérience. C'est un peu comme les expériences auxquelles nous procédions dans le *salon de pensée*. Pour le moment, il ne s'agit que de projets sans aucune réalité concrète, aussi ne pèsent-ils pas très lourd. La plupart n'ont d'ailleurs qu'un poids très faible, en vérité. »

Alice regardait le cortège et elle s'aperçut, tout à coup, que le deuxième char portait le même appareillage que le premier, ainsi que le troisième, le quatrième, le cinquième... Aussi loin qu'elle pouvait voir, tous les chars portaient la même chose. « Il ne semble pas y avoir une grande diversité de propositions, remarqua-t-elle.

— C'est parce que chaque proposition doit être soumise en un grand nombre d'exemplaires, répondit son compagnon. Vous finirez bien par en voir une différente, attendez un moment. »

Ils furent soudain pris dans une bourrasque de confettis. Avant même qu'Alice ne lui pose la question, le mécanicien quantique répondit : « Ce sont des demandes de bourses qui ont été rejetées et qui sont déchirées en mille morceaux. Venez, allons à la recherche de votre manège. »

Ils passèrent devant une série de grandes roues. Bizarrement, elles étaient toutes couchées sur le côté au lieu d'être verticales comme dans une fête foraine normale. Le compagnon d'Alice lui dit qu'à la phoire à la physique, on les appelait des anneaux plutôt que des roues. Il y avait le Grand Anneau, le Plus Grand Anneau et l'Anneau Vraiment Énorme du CERN. Alice décida d'essayer ce dernier.

Elle se mit dans une file de protons hilares, et, très vite, elle pénétra dans la machine et fut installée, ou plus exactement « injectée » comme ils disaient, dans un « paquet ». C'était une sorte de cage électrique qu'Alice partageait avec un grand nombre de protons qui sautaient d'excitation dans tous les sens. Ils s'élancèrent, accélérés par les champs intenses qui attiraient leurs charges électriques. Au fur et à mesure que leur vitesse augmentait, les protons se calmèrent et se mirent tous à courir dans le même sens.

Ils couraient de plus en plus vite sur une piste circulaire, guidés par des champs magnétiques. Alice remarqua au bout d'un moment que leur vitesse n'augmentait presque plus, mais elle ressentait toujours une accélération. Elle demanda à l'un des protons ce qui se passait, et il lui expliqua qu'ils allaient maintenant

L'un des paradoxes de la physique quantique est que les mesures sur des objets très petits doivent se faire avec des accélérateurs de particules gigantesques.
Selon la relation de Heisenberg, une petite taille doit être associée à une grande impulsion, et il faut de grandes machines pour accélérer les particules aux énergies nécessaires.
La plupart des accélérateurs sont circulaires et les particules doivent effectuer un très grand nombre de tours pour être accélérées.
Quelques accélérateurs sont linéaires : les électrons y sont accélérés en ligne droite comme dans le « LINAC » de deux milles à Stanford.

presque aussi vite que des photons, et que rien ne pouvait aller plus vite. Mais leur énergie cinétique augmentait toujours et Alice trouvait cela étrange. Elle voulut émettre une critique, mais il y eut une violente secousse et elle se sentit éjectée de l'anneau en compagnie des protons.

Elle traversait l'air à une vitesse vertigineuse et fut terrifiée de voir un mur se dresser juste devant elle. Elle réalisa que les protons, comme elle, se dirigeaient droit dessus et elle se contracta dans l'attente du choc. À sa grande surprise, le mur ne l'arrêta pas plus qu'une nappe de brouillard.

Elle regarda derrière elle et se rendit compte que, si le mur n'avait guère eu d'effet sur elle, l'inverse n'était pas vrai : le mur, pour sa part, avait souffert. Elle avait frôlé un atome et celui-ci avait explosé, les électrons fusant en tous sens et le noyau abandonné à lui-même. Elle entraînait avec elle un voile mortel de photons virtuels qui déchiraient les atomes qu'elle effleurait. Elle passa près d'un noyau qui fut lui aussi déchiqueté, protons et neutrons partant en tous sens. Elle se sou-

Les particules de hautes énergies produites par les accélérateurs peuvent traverser des distances considérables dans la matière.
Leur énergie est si grande en comparaison des liaisons électroniques entre les atomes que ceux-ci les ralentissent à peine. Ces particules laissent derrière elles une traînée d'ionisation et de liaisons brisées. Si elles passent à proximité du noyau d'un atome, celui-ci est également dissocié.
Lors de tels processus, les particules rapides finissent par perdre toute leur énergie, mais cela peut prendre beaucoup de temps.

vint avec consternation du rayon cosmique qu'elle avait vu au château Rutherford et qui avait éventré si facilement un château nucléaire. Elle fut horrifiée en se rendant compte qu'elle était devenue, elle aussi, une force destructrice, laissant derrière elle une traînée de destruction parmi les atomes et les noyaux.

Elle vit devant elle un neutron juste avant d'y pénétrer. Elle aperçut également brièvement les trois quarks paniqués par son passage. Ils ne furent pas éjectés du neutron chacun de leur côté, parce qu'ils étaient trop fermement liés les uns aux autres. Mais les chaînes qui les reliaient s'allongèrent et se brisèrent, s'allongèrent et se brisèrent encore, créant une foule de paires de quarks-antiquarks. Là où se trouvait le neutron, Alice vit un grand jet de mésons entraînés par son énorme impulsion.

Alice ferma les yeux pour ne plus voir les images du chaos qu'elle avait engendré ; elle avait peur de voir pire catastrophe encore. Elle ressentit une brève impression de chute suivie d'un léger choc.

En ouvrant les yeux, Alice vit qu'elle était tombée de son lit et qu'elle était étendue sur le sol de sa chambre. Elle se releva rapidement et regarda autour d'elle. La pluie s'était arrêtée et le soleil brillait joyeusement à travers la fenêtre. La télévision était encore allumée, et l'écran montrait un groupe de messieurs à l'aspect sévère entourant un journaliste, qui annonça qu'ils allaient discuter des programmes scientifiques du pays.

« Trop ennuyeux », dit Alice ; elle éteignit la télévision et sortit au soleil.

Notes

1. Beaucoup d'expériences ont cherché à mettre en défaut les prédictions les plus extrêmes de la mécanique quantique, mais jusqu'ici sans aucun résultat. Un bon exemple en est l'expérience d'Aspect pour étudier le paradoxe d'Einstein-Podolsky-Rosen (EPR).

Ce paradoxe prend plusieurs formes, qui mettent toutes en jeu des mesures du spin des particules (le spin est cette étrange rotation quantique que possèdent des particules élémentaires comme les électrons ou les photons).

Le paradoxe considère un système qui n'a pas de spin mais qui émet deux particules qui en possèdent et partent dans des directions opposées.

La théorie quantique assure que la mesure du spin ne peut donner que deux valeurs : vers le haut ou vers le bas. Si le système n'a pas de spin au départ, les spins des deux particules doivent être inversés : si l'une a son spin vers le haut, la seconde a nécessairement son spin vers le bas pour que la somme soit nulle.

Quand aucune mesure n'est effectuée sur les spins, la théorie affirme que les particules sont dans une superposition des états « spin vers le haut » et « spin vers le bas ».

C'est seulement quand une mesure est effectuée sur l'un des spins que celui-ci est alors défini et pointe vers le haut ou vers le bas. Mais le spin de l'autre particule devient, lui aussi, immédiatement défini, puisqu'ils sont opposés l'un à l'autre. Ce phénomène se vérifie quelle que soit la distance qui sépare les deux particules : la relativité d'Einstein semble violée et cela constitue le paradoxe EPR.

2. Il semblerait que le paradoxe EPR soit raisonnablement expliqué en disant que les spins sont déterminés au départ. Au moment de leur émission, l'une des particules a un spin orienté vers le haut et l'autre un spin orienté vers le bas. Dans ce cas, la distance parcourue n'a aucune importance, puisque les particules emportent l'information avec elles.

Le théorème de Bell fixe les limites de l'information que les particules peuvent emporter et permet d'examiner les conséquences de mesures de spin qui ne seraient pas effectuées dans des directions prédéterminées et selon des orientations différentes pour les deux particules. Le calcul est assez subtil, mais il montre que la mécanique quantique prédit, dans certains cas, des corrélations plus importantes entre les résultats de mesures que toute information que pourraient emporter les particules.

Alain Aspect a mesuré cet effet avec ses collaborrateurs et il a trouvé, comme toujours, que la mécanique quantique semble correcte. Cela semble impliquer une information qui voyage plus vite que la lumière. Le résultat d'Aspect ne contredit pourtant pas la théorie de la relativité d'Einstein. Celle-ci dit bien qu'aucun message ne peut voyager plus vite que la lumière, mais l'effet examiné dans le paradoxe EPR ne peut pas servir à envoyer des messages.

Si vous pouviez choisir de mesurer le spin soit vers le haut soit vers le bas, le spin inverse de l'autre particule pourrait transmettre une information par une sorte de code morse, mais vous ne pouvez pas faire ce choix. Vous n'avez absolument aucun contrôle sur le résultat d'une mesure effectuée sur une superposition d'états quantiques. Le résultat est totalement aléatoire et ne peut transmettre aucun signal.

Achevé d'imprimer sur les presses de l'imprimerie Darantiere
à Dijon-Quetigny en septembre 2006
N° d'éditeur : 287-02/1 - N° d'impression : 26-1534
Dépôt légal : septembre 2006 - Imprimé en France